21 世纪高职高专规划教材系列

Dreamweaver CC 网页
设计与制作教程
第 3 版

主编　申莉莉
参编　陈建珍　等

机械工业出版社

本书介绍了 Dreamweaver CC 网页制作的基本方法和应用。全书共 15 章，从网站的规划和创建出发，讲授了文档和图像的基本操作，表格和链接等基本网页制作方法；表单、模板和库、行为和多媒体视频可以使读者学习对网页进行美化的技巧；CSS 设计器、HTML5、Div + CSS 网页布局使读者能够进一步学习使用 Dreamweaver CC 的新功能；jQuery 和流体网格设计可以使读者学习同时适用于智能手机、平板电脑、台式机的"自适应网站设计"。

全书采用案例教学法，每章有丰富的操作实例，最后一章以一个综合实例作为总结，将前面所学的知识串接应用。

本着可读性、可操作性和实用性的原则，本书力图做到内容详实，文字简练，实例丰富，图文并茂，不仅可用作高职高专院校相关专业的网页制作课程教材，也可作为 Dreamweaver 的初中级水平读者和专业技术人员的技术参考书。

本书配有授课素材和电子课件，需要的教师可登录 www.cmpedu.com 免费注册、审核通过后下载，或联系编辑索取（QQ：1239258369，电话：010 - 88379739）。

图书在版编目（CIP）数据

Dreamweaver CC 网页设计与制作教程/申莉莉主编. —3 版. —北京：机械工业出版社，2015.8
21 世纪高职高专规划教材系列
ISBN 978 - 7 - 111 - 51295 - 0

Ⅰ.①D… Ⅱ.①申… Ⅲ.①网页制作工具 - 高等职业教育 - 教材
Ⅳ.①TP393.092

中国版本图书馆 CIP 数据核字（2015）第 191410 号

机械工业出版社（北京市百万庄大街 22 号　邮政编码 100037）
策划编辑：鹿　征　　责任编辑：鹿　征
责任校对：张艳霞　　责任印制：乔　宇
北京圣夫亚美印刷有限公司印刷
2015 年 10 月第 3 版·第 1 次印刷
184mm×260mm ·17 印张·421 千字
0001—3000 册
标准书号：ISBN 978 - 7 - 111 - 51295 - 0
定价：39.80 元

前　言

Adobe 公司于 2013 年 6 月 17 日发布了 Dreamweaver CC 新版本。作为 Adobe Creative Cloud 产品的一部分，Dreamweaver CC 增强了 CSS 可视化编辑功能。Dreamweaver CC 2014 是在 2014 年发布的最新版本，又新增了多种实用功能，能够帮助网页设计师更好、更有效率地完成网页设计。

作为《Dreamweaver 网页设计与制作教程》的第 3 版，本书在前两版的基础上新增了许多实用案例。全书共 15 章，从网站的规划和创建出发，讲授了文档和图像的基本操作，表格和链接等基本网页的制作方法；表单、模板和库、行为和多媒体视频可以使读者学习对网页进行美化的技巧；CSS 设计器、HTML5、Div + CSS 网页布局使读者能够进一步学习使用 Dream-weaver CC 的新功能；jQuery 和流体网格设计，可使读者学习同时适用于智能手机、平板电脑和台式机的"自适应网站设计"。

全书采用案例教学法，每章都有丰富的操作实例，最后一章以一个综合实例为总结，将前面所学知识串接应用。

本课程建议授课学时为 48 小时，实验学时为 24 小时。

本书内容详实，实例丰富，读者可根据书中的实例和习题，边学习边操作。

本书的第 2 和 14 章由陈建珍编写，第 10、11、13 和 15 章由季宇编写，第 8 章由赵蕊编写，第 1、3、4、5、6、7、9 和 12 章由申莉莉编写。全书由申莉莉统稿。

由于时间仓促，书中难免存在错误和不妥之处，恳请读者批评指正。

编　　者

目　　录

第1章 Dreamweaver CC 的工作环境

本章主要内容是初步了解 Dreamweaver CC（简称 DW CC）的工作环境，包括其特性和功能；学会安装 Dreamweaver CC，及其启动和退出方法；学会设置 Dreamweaver CC 的基本参数。

1.1 Dreamweaver CC 的新功能和系统需求

1.1.1 Dreamweaver CC 的新功能

Adobe 公司于 2013 年 6 月 17 日发布了 Dreamweaver CC 新版本。作为 Adobe Creative Cloud 产品的一部分，Dreamweaver CC 增强了 CSS 可视化编辑功能。更加简化的用户接口、连接的工具以及新增的可视化 CSS 编辑工具，使得用户可以透过直觉更有效地编写程序代码，以更快的速度开发更多网页。Dreamweaver CC 的新功能有：

1. CSS 设计器面板

使用新的 CSS Designer 面板可以应用和创建基于标准的 CSS 布局、颜色、字体、文本以及快速响应的设计。

2. jQuery Widget

使用 jQuery UI 将 widget 从"插入"面板拖放到 Web 项目来制作进度条、滑块、菜单和其他有用的组件。使用 jQuery ThemeRoller 设计样式，可以让所设计的组件独一无二。

3. 代码编辑增强功能

通过匹配标签和高度显示行号可以快速编辑标记，从而帮助识别和调试代码、自动完成 CSS 的样式，并借助跳行功能轻松导航至所做标记。

4. 将 Dreamweaver 设置与 Creative Cloud 同步

在 Creative Cloud 上存储文件、应用程序设置和站点定义。当需要这些文件和设置时，可从任何机器登录 Creative Cloud 并访问它们。

也可以设置 Dreamweaver 自动与 Creative Cloud 同步设置。或者，在必要时可以使用 Toast 通知（单击"文档"工具栏中的 ▒▒）或"参数设置"—"同步设置"对话框执行按需同步。

Dreamweaver CC 2014 是在 2014 年发布的 DW（Dreamweaver）软件最新版本，又新增了多种实用功能，能够帮助网页设计师更好、更有效率地完成网页设计，如新增添的使用"实时视图"进行编辑功能和元素快速视图。

Dreamweaver CC 2014 可直接在实时视图中编辑并查看设计，连接和退出浏览器，测试页面所需的时间会更短。实时视图现在可以使用全新的基于 chromium 的渲染引擎，因此所设计的内容在 Dreamweaver 中和在常用的浏览器中看起来一样。

借助新的"元素快速视图"，可以在单个列表视图中查看 HTML 元素，并能轻松重新排列、复制和删除。

1.1.2 Dreamweaver CC 的系统需求

Dreamweaver CC 具有 Windows 和 Macintosh 两种版本，但前者是大多数人的首选。因此本书只介绍在 Windows 操作系统下运行 Dreamweaver CC 的系统需求。

1. 硬件环境

处理器：Intel Pentium 4 或 AMD Athlon 64 处理器。

显示器：1280×1024 像素显示器，配备 16 位显卡。

内存：1 GB 的 RAM，Java Runtime Environment 1.6（内含）。

硬盘空间：安装所占的 1GB 可用硬盘空间；安装期间需要额外的可用空间（无法安装在移动储存设备上）。

必要的软件启用、订阅验证和线上服务的存取都需要宽频网络连线和注册。

2. 软件环境

Windows 操作系统必须是 Windows 7 或 Windows 8 及以上版本，Dreamweaver CC 需要至少1280×1024 的屏幕分辨率。

1.2 安装 Dreamweaver CC

以安装 Dreamweaver CC 2014 为例，在安装程序之前，建议先退出所有已运行的程序，避免发生安装错误或困难。具体操作步骤如下：

（1）双击安装程序，首先是解压缩、初始化操作，如图 1-1 所示。

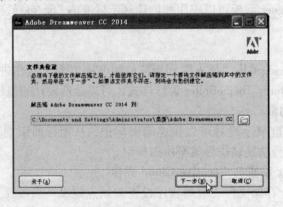

图 1-1　解压缩、初始化

（2）出现初始化安装界面，如图 1-2 所示。

图 1-2　初始化安装界面

（3）显示软件的许可协议如图 1-3 所示。单击"接受"按钮进行安装。

（4）选择安装语言和安装位置，默认的安装位置为"C:\Program Files(x86)\Adobe"，如图 1-4 所示。单击"安装"按钮继续安装，系统自动安装 Dreamweaver CC 2014。

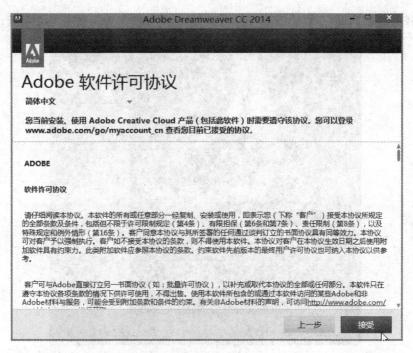

图1-3　安装许可协议

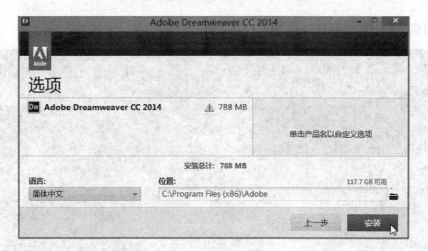

图1-4　选择安装位置

（5）安装完成，如图1-5所示。

图1-5　安装完成

（6）选择"立即启动"，DW CC 启动进行初始化服务器行为，如图1-6所示。

图1-6　DW CC 的初始化服务器行为

（7）初次使用时的欢迎界面，如图1-7所示。

图1-7　欢迎界面

（8）如选择"没有，我刚刚开始使用"，可以观看学习教程，如图1-8所示。

（9）可跳过此教程，打开 Dreamweaver CC 2014 新界面，系统弹出"同步设置"对话框，如图1-9所示。

（10）单击所需要的选项后，即可进入崭新的工作界面。

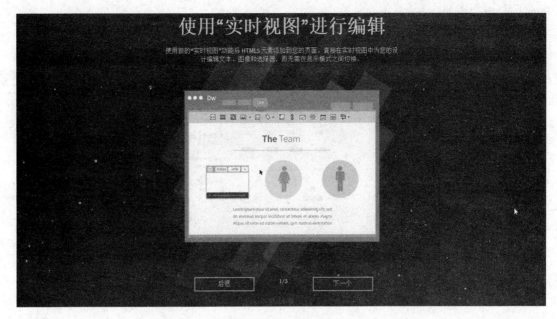

图 1-8　观看学习教程

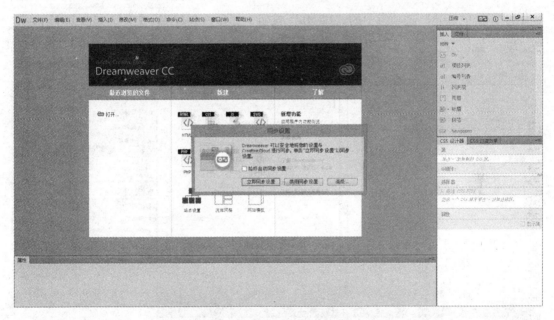

图 1-9　"同步设置"对话框

1.3　Dreamweaver CC 的工作环境

1.3.1　启动 Dreamweaver CC

（1）启动 Dreamweaver CC 进行初始化服务器行为后，全新的工作界面如图 1-10 所示。

在此可以打开已有文件，也可以新建各种不同的页面类型文件，还可以了解其主要功能，查看功能视频及帮助文件。

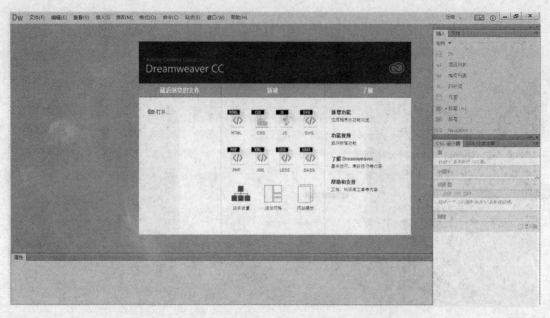

图 1-10 "Adobe Dreamweaver CC"的新工作界面

（2）单击"新建"选项组中的"HTML"按钮，打开一个 HTML 文件，如图 1-11 所示。

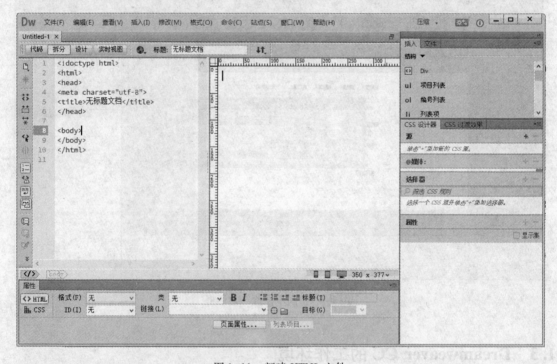

图 1-11 新建 HTML 文件

1.3.2 认识 Dreamweaver CC 的窗口结构

如图 1-11 所示，典型的启动 Dreamweaver CC 应用程序操作环境包括如下几个部分。

1. 主菜单栏

包括"文件"、"编辑"、"查看"、"插入"、"修改"、"格式"、"命令"、"站点"、"窗口"和"帮助"10 个菜单项，如图 1-12 所示。

文件(F) 编辑(E) 查看(V) 插入(I) 修改(M) 格式(O) 命令(C) 站点(S) 窗口(W) 帮助(H)

图 1-12　主菜单栏

2. 文档工具栏和"浏览器导航"工具栏

文档工具栏中包含的按钮可以用于选择"文档"窗口的不同视图（例如，设计视图、实时视图和代码视图）、不同的查看选项以及执行一些常规操作（例如在浏览器中预览），如图 1-13 所示。

代码　拆分　设计　实时视图　　　　标题: my space

图 1-13　文档工具栏

"代码"视图用于编写和编辑 HTML、JavaScript 和其他任何类型代码的手动编码环境。

"拆分"视图是代码视图的拆分版本，可在进行滚动的同时对文档的不同部分进行操作，可以在单一窗口中同时查看同一文档的代码视图和设计视图。

"设计"视图用于可视化页面布局、可视化编辑和快速应用程序开发的设计环境。在此视图中，Dreamweaver 显示文档的完全可编辑的可视化表示形式，类似于在浏览器中查看页面时看到的内容。

"实时视图"可以更为真实地呈现文档在浏览器中的实际样子，并且可以像在浏览器中一样与文档进行交互。还可以在"实时视图"中直接编辑 HTML 元素并在同一视图中即时预览更改。

"流体网格视图"用于流体网格布局，可以更清楚地显示在不同的浏览器，手机、平板电脑和桌面电脑中的设计内容。

"实时代码"视图只有在实时视图中查看文档时才能使用。它显示浏览器用于执行该页面的实际代码，在"实时"视图中与该页面进行交互时，它可以动态变化，但"实时代码"视图不可编辑。

在"实时"视图中"浏览器导航"工具栏成为活动状态，并显示正在"文档"窗口中查看的页面的地址。"实时"视图的作用类似于常规的浏览器，因此即使浏览到本地站点以外的站点（例如 http://www.adobe. com/cn），Dreamweaver 也将在"文档"窗口中加载该页面。

默认情况下，不激活"实时"视图中的链接。在不激活链接的情况下可选择或单击"文档"窗口中的链接文本，而不进入另一个页面。若要在"实时"视图中测试链接，可通过地址框右侧的"视图选项" 下拉菜单选择"跟踪链接"或"持续跟踪链接"选项，启用一次性单击或连续单击。

3. 编码工具栏概述

"编码"工具栏包含可用于执行多种标准编码操作的按钮，例如折叠和展开所选代码、高亮显示无效代码、应用和删除注释、缩进代码以及插入最近使用过的代码片断等。"编码"工具栏垂直显示在"文档"窗口的左侧，仅当显示"代码"视图时才可见，不能取消停靠或移动，但可以将其隐藏，如图 1-14 所示。

图 1-14　编码工具栏

1.3.3 属性面板

属性面板显示了文档窗口中所选中元素的属性，并允许用户在属性面板中对元素属性直接进行修改，选中的元素不同，属性面板中的内容就不相同。还可以用于查看和更改所选对象的各种属性。默认情况下，属性检查器位于工作区的底部边缘，可以将其取消停靠并使其成为工作区中的浮动面板。

单击属性面板右上方的箭头，可以暂时完全隐藏属性面板。在属性面板右下角有一个三角形标记，单击该标记可以展开属性面板，将出现更多的扩展性，显示较多的属性设置内容，也可以折叠属性面板。如图 1-15 所示。

图 1-15　属性面板

1.3.4 浮动面板

在 Dreamweaver CC 的窗口中，面板被组织到面板组中，每个面板组都可以展开折叠，并且可以和其他面板组停靠在一起或取消停靠。面板组还可以停靠到集成的应用程序窗口中，使用户能够很容易地访问所需的面板。如图 1-16 所示，将插入面板和 CSS 设计器面板拆开并排放置在一起。

用户可以通过单击相应的选项卡来显示浮动面板。如果浮动面板没有显示在程序窗口中，可以通过打开窗口菜单，选择相应的命令来显示它。

如果希望临时隐藏所有的浮动面板，可以按〈F4〉键。若再次按下〈F4〉键，又可以重新显示。

图 1-16　浮动面板

"插入"面板包含用于创建和插入对象（例如表格、图像和链接）的按钮。这些按钮按几个类别进行组织，通过顶端的下拉列表框中可以选择所需类别来进行切换。某些类别具有带弹出菜单的按钮。从弹出菜单中选择一个选项时，该选项将成为按钮的默认操作。例如，如果从"图像"按钮的弹出菜单中选择"图像占位符"，则下次单击"图像"按钮时，Dreamweaver 会插入一个图像占位符。每当从弹出菜单中选择一个新选项时，该按钮的默认操作都会改变。

"插入"面板按以下类别进行组织。

（1）常用类别用于创建和插入最常用的元素，例如 Div 标签和对象（如图像和表格）。

（2）结构类别用于插入结构元素，例如 Div 标签、标题、列表、区段、页眉和页脚。

（3）媒体类别用于插入媒体元素，例如 Edge Animate 排版、HTML5 音频和视频以及 Flash 音频和视频。

8

（4）表单类别用于创建表单和用于插入表单元素（如搜索、月和密码）的按钮。

（5）jQuery Mobile 类别用于插入 jQuery Mobile 构建站点的按钮。

（6）jQuery UI 类别用于插入 jQuery UI 元素，例如折叠式、滑块和按钮。

（7）模板类别用于将文档保存为模块并将特定区域标记为可编辑、可选、可重复或可编辑的可选区域。

（8）收藏夹类别用于将"插入"面板中最常用的按钮分组和组织到某一公共位置。

通过选中"插入"可以将此面板拖到菜单栏。如图 1-17 所示。

图 1-17　将"插入"面板拖到菜单栏

1.3.5　状态栏

Dreamweaver CC 文档窗口的状态栏如图 1-18 所示，在状态栏上可以进行一些功能设置。

图 1-18　Dreamweaver CC 文档窗口的状态栏

1. 标签选择器

显示环绕当前选定内容的标签的层次结构。单击该层次结构中的任何标签都可以选择该标签及其全部内容。例如单击元素快速视图标签 </>，弹出如图 1-19 所示的元素快速视图，也可以通过"查看"菜单，选择"元素快速视图"命令来打开。

快速视图为静态和动态内容呈现交互式 HTML 树，在文档中查看标记，在 HTML 树中修改静态内容结构。Dreamweaver 的早期版本中，要在实时视图中高亮显示 HTML 元素，切换至代码视图并编辑元素，编辑后，再次切换回实时视图，以便预览更改。有了元素快速视图功能，可以在单一易读的视图中看到页面中的所有要素，并编辑静态内容。

注意：只有在 Dreamweaver CC 2014 以上版本中有元素快速视图。

若要在标签选择器中设置某个标签的 class 或 ID 属性，鼠标放在某个标签上，单击右键然后从上下文菜单中选择一个类或 ID。如图 1-20 所示。

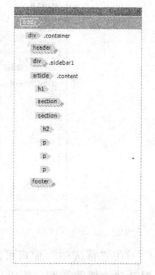

图 1-19　元素快速视图

2. 窗口大小弹出菜单

打开"查看"菜单，选择"窗口大小"命令，该区域显示当前文档窗口的大小尺寸，以像素为单位。使用此工具，可以将"文档"窗口的大小调整到预定义或自定义的尺寸。更改设计视图或实时视图中页面的视图大小时，可以只更改视图大小的尺寸，而不更改文档大小。

窗口大小弹出菜单主要用于设置文档窗口和显示器屏幕之间的对应关系，单击该菜单区域的任意位置，即可打开菜单，如图 1-21 所示。

图 1-20　在标签选择器中设置类

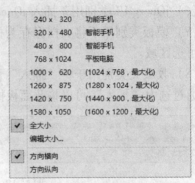

图 1-21　窗口大小弹出菜单

1.4　设置 Dreamweaver CC 的基本参数

打开"编辑"菜单，选择"首选项"命令，打开"参数设置"对话框，如图 1-22 所示。

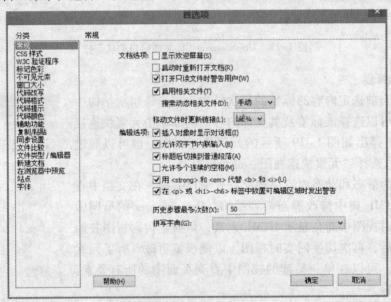

图 1-22　设置 Dreamweaver CC 的常规选项

在"首选项"窗口可以设置 Dreamweaver CC 的常规选项、CSS 样式等各个类别。例如设置新建文档的类型、编码、文字大小等。

1. 设置默认文档类型和编码

打开"编辑"菜单，选择"首选项"命令，从左侧的"分类"列表框中单击"新建文档"选项，打开其对话框，可以定义用作站点默认文档的文档类型，如图 1-23 所示。

默认文档：选择将要用于所创建页面的文档类型。

默认扩展名：指定新建的 HTML 页面文件扩展名为 .htm 或 .html。此选项对其他文件类型禁用。

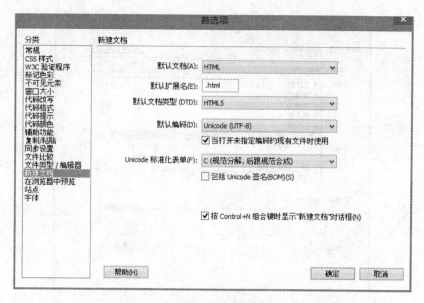

图1-23　设置默认文档类型和编码

2. 应用字体样式

打开"编辑"菜单，选择"首选项"命令，从左侧的"分类"列表框中单击"字体"选项，打开其对话框，如图1-24所示。

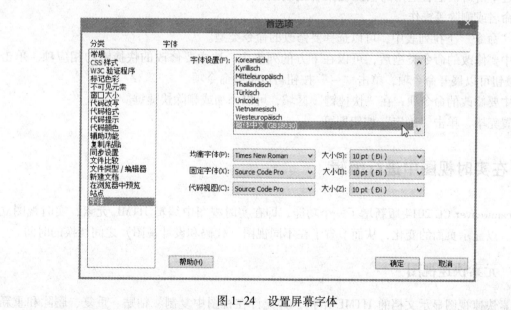

图1-24　设置屏幕字体

可以设置文字的类型、样式（如粗体或斜体）和大小，如果未选择文本，此选项将应用于随后键入的文本。

一个确保文字大小一致的方法是使用CSS样式，并且以像素为单位设置文字大小。

3. 设置快捷键

打开"编辑"菜单，选择"快捷键"命令，弹出如图1-25所示对话框。

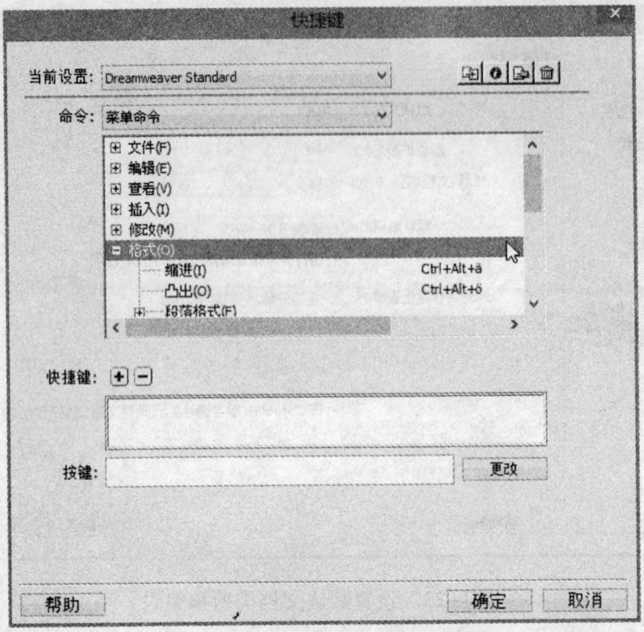

图 1-25　设置快捷键

在"当前设置"中，可以选择现有的快捷键集合。

通过单击对话框右上角的快捷键集合控制按钮，可以完成对现有快捷键集合进行诸如复制、重命名或删除等操作。

在"命令"下拉列表中，可以选择要修改的命令类型。

选中要修改的命令类型后，可以在下方的列表中，选中要修改的快捷键的相应项。单击"＋"按钮可以展开命令项，单击"－"按钮可以折叠命令项。

选中要修改的命令项，在"快捷键"区域，可以添加或删除快捷键。

设置完毕，单击"确定"按钮即可。

1.5　在实时视图中进行编辑

Dreamweaver CC 2014 版新增了一个功能，即在实时视图中编辑 HTML 元素，实时视图立即刷新，以显示页面的变化，从而节省了在不同视图（代码和设计视图）之间切换的时间。

1.5.1　元素快速视图

元素快速视图显示文档的 HTML 结构，并允许在视图中复制、粘贴、重复、删除和重新排列元素。

在实时视图中，单击要检查或编辑的元素，在标签选择器中单击元素快速视图标签"＜/＞"，打开元素快速视图，或者在元素快速视图中单击选择一个 HTML 元素，那么选定元素的 HTML 标记在元素快速视图中突出显示；所应用的选择器在 CSS 设计器中突出显示；相关代码在代码视图中突出显示；相关标签在标签选择器中（以蓝色）突出显示。如图 1-26 所示，蓝色区域（图中椭圆标记部分）即所显示的五个部分，不同视图和 CSS 设计器之间的同步让设计者能够概览与选定元素相关联的 HTML 标记和样式。

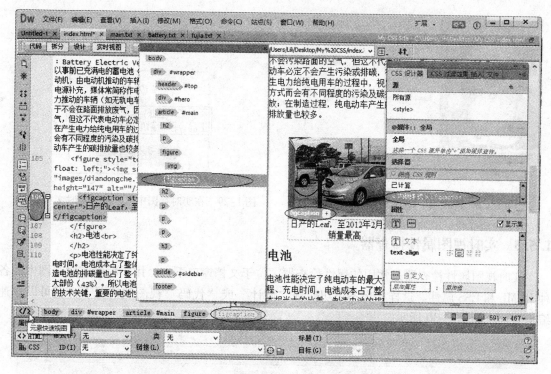

图 1-26　不同视图的 CSS 设计器的同步

1.5.2　元素显示

使用元素显示，可以将 HTML 元素与实时视图中的类和 ID 关联在一起，显示在实时视图中所选的 HTML 元素的上方。元素显示有助于快速查看和选择所需选项的可用类和 ID。

在实时视图中单击所需的元素，与元素关联的类和 ID 得以显示。如图 1-27 所示。

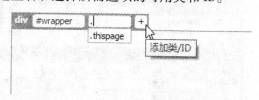

单击"＋"按钮可以添加类或 ID 并将其应用于元素，然后可以使用 CSS 设计器来定义包含此类或 ID 的选择器。

图 1-27　实时视图中的元素显示

1.5.3　快速属性检查器

快速属性检查器在实时视图中所选的元素上方显示。使用快速属性检查器，可以直接在实时视图中快速编辑属性或设置文本格式。

当单击图标时，图像的快速属性检查器就会显示出来。根据可用空间，属性检查器将显示在图像的右侧、左侧、顶部、底部或上方，可以移动属性检查器并将其置于任意便利位置。同时也可以更改图像的来源以及其他属性，例如"title"和"alt"，更改会立即反映出来，同样也可以在实时视图中调整图像的宽度和高度。如图 1-28 所示。

1.5.4　实时文本编辑

在实时视图中可直接编辑文本并预览更改，不再需要在不同视图之间切换。如图 1-29 所示，在实时视图中双击文本元素可以进入编辑模式，对文本进行编辑。文本元素周围的橙色边框（图中圈起部分）表示更改为编辑模式。

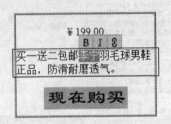

图 1-28　实时视图中的快速属性检查器　　　　　图 1-29　在实时视图中可以进行实时文本编辑

1.5.5　实时视图属性检查器

实时视图属性检查器是常用的属性检查器，位于文档窗口下方，用于编辑实时视图中的各种 HTML 和 CSS 属性。这样，在不用切换到"设计"或"代码"视图的情况下，就可以快速编辑页面。如图 1-30 所示。

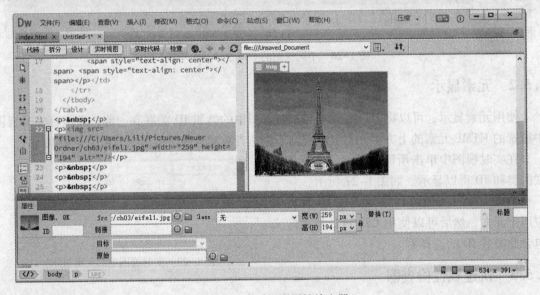

图 1-30　实时视图属性检查器

使用实时视图属性检查器，可以检查和编辑当前选定页面元素（如文本和插入的对象）的最常用属性，它的内容根据选定的元素的不同会有所不同。

注意：流体网格页面中不提供实时视图属性检查器。实时视图属性检查器中无法编辑与 jQuery UI 和模板相关的属性。

1.5.6　实时插入

使用"插入"面板，可以在实时视图中直接将元素拖动到文档中所需的位置，或者单击"插入"面板中的元素，出现如图 1-31 所示选项，选择要插入的位置即可。

图 1-31　实时视图中的实时插入

注意：流体网格页面中的实时视图中不提供"插入"面板。

1.5.7　禁用实时视图中的编辑

如果不想使用实时视图中的元素显示和快速属性查看器，可以禁用这些编辑功能。直接按〈Ctrl + Alt + H〉组合键，即可关闭快速属性检查器和元素显示。或者切换到"实时视图"并单击"实时视图选项"按钮 ；或者打开"查看"菜单，选择"实时视图"选项的下拉菜单，如图 1-32 所示，选择"隐藏实时视图显示"。

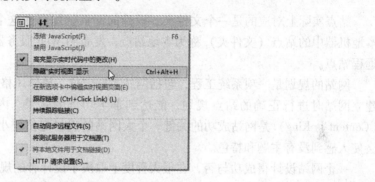

图 1-32　选择隐藏实时视图显示

第 2 章　本地站点的规划和创建

利用 Dreamweaver 制作网页，首先要规划和创建站点，然后利用站点对文件进行管理。本章主要内容包括：站点的规划和创建、创建本地站点、站点内容的管理、上传和下载文件。通过本章的学习，要求掌握站点的规划和创建，并学会建立主页。

2.1　规划站点

站点实际上对应的是一个文件夹，设计的网页就保存在这个站点（文件夹）中。存储在本地机器中的站点（文件夹）称为本地站点，发布到 Web 服务器上的站点（文件夹）则称为远程站点。

网站的规划是一项系统工程，包括网站主题定位、整体风格、页面设计及功能实现等。在建立网站时进行正确的站点规划，能达到事半功倍的效果。内容是网站的根本，内容为王（Content Is King）是网站成功的关键。个人网站的选材定位要小、内容要精。如果内容过多，会使人感到没有主题和特色。

一个网站设计得成功与否，在很大程度上取决于设计者的规划水平，规划网站就像设计师设计大楼一样，图样设计好了，才能建成一座漂亮的大楼。

2.1.1　规划站点结构

在网站的建设中，需要做一些文档的分类，以便于管理，在维护与更新的过程中，不至于出现杂乱无章的文档。建议使用一些定义好的文件夹：

Applet：存放 java 小程序
Html：存放 html 文档页面
Common：存放 css 样式表文件
Images：存放网站图像文件
Javascript：存放 java 脚本
Library：存放库项目
Media：存放多媒体文件
Software：存放下载的软件
Sound：存放声音文件
Templates：存放模板文件

一般而言，用户可以根据自己的喜好进行设置，以后也可以根据需要随时添加新的文件夹。但是不要在文件名和文件夹名中使用空格和特殊字符，文件名也不要以数字开头。

2.1.2　构建站点的整体风格

成功的网站，和实体公司一样，也需要整体的形象包装和设计。网站的整体风格包括标志、色彩、字体和广告语 4 方面。

1. 网站的标志（LOGO）

标志是网站的特色和内涵的集中体现，标志的设计和创意应当来自网站的名称和内容。比如，网站内有代表性的动物、植物，可以用它们作为设计的蓝本，加以卡通化或者艺术化。常用方式是用网站的英文名称作标志，采用不同的字体、字母的变形及图像组合而成。

2. 设计网站色彩

网站给人的第一印象来自视觉冲击，不同的色彩搭配产生不同的效果，并可能影响到访问者的情绪。色彩有冷暖色之分，冷色（如蓝色）给人的感觉是安静、冰冷；而暖色（如红色）给人的感觉是热烈、温暖。冷暖色的巧妙运用可以让网站产生意想不到的效果。"标准色彩"是指能体现网站形象和延伸内涵的色彩，应用于网站的背景，主菜单和主色块。给人以整体统一的感觉。一般来说，一个网站的标准色彩不超过 3 种，其他色彩只是作为点缀和衬托。

3. 设计网站字体

标准字体是指用于标志、标题、主菜单的字体。一般网页默认的字体是宋体。为了体现站点的风格及网站所表达的内涵，可以选择其他更贴切的字体。需要说明的是：使用非默认字体只能用图片的形式，因为很可能浏览者的计算机里没有安装特别字体，而影响显示效果。

4. 设计网站广告语

网站广告语是网站的精神、主题与中心，可用一句话或者一个词进行高度概括。富有气势的广告语，用于对外宣传，可以收到比较好的宣传结果。

2.1.3 主页和其他页面的设计

主页和其他页面的设计主要考虑到三个方面：内容、速度和页面美感，而内容是网站的关键。

在确定内容的基础上，要尽量提高速度。浏览网页实际上是将虚拟主机中的网页内容下载到本地硬盘，再用浏览器解释查看，下载网页的快慢在显示速度上占很大比重。所以，网页本身所占的空间越小，浏览速度就越快。因此，设计网页时应遵循从简的原则，例如不使用占用存储空间比较大的图像、动画及视频等资源。

为了使页面的各元素能够有机地结合在一起，突出页面的美感，需要进行合理的布局。常见的布局形式如下。

1. T 型布局

T 结构指页面顶部为横条网站标志或广告条，下方左侧为主菜单，右下方显示具体的网页内容，如图 2-1 所示。因为菜单栏背景较深，整体效果类似英文字母 T，所以称为 T 型结构布局。这是网页设计中广泛使用的一种布局方式。其优点是页面结构清晰，主次分明。缺点是如果细节色彩搭配不当，会显得规矩呆板。

2. 口型布局

口型布局常见的形式是页面上下各有一个广告条，左侧是主菜单，右侧是友情链接等，中间是主要内容，形状像一个"口"字，如图 2-2 所示。这种布局的优点是充分利用版面，信息量大。缺点是页面拥挤，不够灵活。

3. 三型布局

这种布局特点是将页面整体分割为三部分，页面上横向采用两条色块，色块中有时放置广告条，如图 2-3 所示。

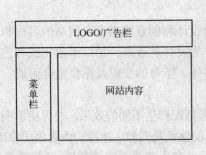

图 2-1 T 型布局

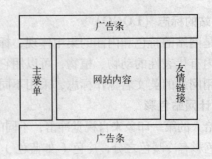

图 2-2 口型布局

4. 对称对比布局

此布局结构采取左右或者上下对称的布局，一半深色，一半浅色，一般用于设计型站点。如图 2-4 所示。这种布局的优点是视觉冲击力强，缺点是将两部分有机结合比较困难。

图 2-3 三型布局

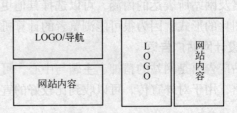

图 2-4 对称对比布局

5. POP 布局

POP 引自广告术语，是指页面布局像一张宣传海报，以一张精美图片作为页面的设计中心，常用于时尚类站点，如图 2-5 所示。这种布局的优点是漂亮吸引人，缺点是速度慢。但是作为版面布局还是值得借鉴的。

图 2-5 POP 布局

总之，应合理布局页面，加强页面的可视度和可读性，突出个性，将版面设计元素与内容元素有机融合，从而抓住访问者的"眼球"，提升人气。

作为个人网站，应注意以下方面：

（1）主页与副页在风格上要一致；

（2）主页要尽可能展示多样化的元素，突出重要性；

（3）主页在 LOGO 和布局上要做到落落大方，使访问者浏览后有轻松、愉悦的感受；

（4）副页的设计要简洁，不要有太多文字。

2.2 创建站点

制作网页之前首先要建立一个本地站点。本地站点实际上是位于本地计算机中指定目录下的一组页面文件及相关支持文件。每个网站都需要有自己的本地站点。本地站点需要一个名称和一个本地根目录。

Dreamweaver 中的"站点"是指属于某个 Web 站点的文档的本地或远程存储位置。它可以组织和管理所有的 Web 文档,将站点上传到 Web 服务器,跟踪和维护其中的链接以及管理和共享文件。定义一个站点可以充分利用 Dreamweaver 的功能,只需设置一个本地文件夹。若要向 Web 服务器传输文件或开发 Web 应用程序,还必须添加远程站点和测试服务器信息。

2.2.1 利用建站向导新建站点

(1)运行 Dreamweaver CC,打开软件界面,如图 1-10 所示。在菜单栏中,选择"站点"→"新建站点"命令,系统弹出"新建站点"对话框,如图 2-6 所示。

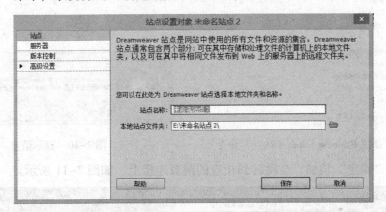

图 2-6 新建站点对话框

(2)在弹出的"新建站点"对话框中,设置站点名称并创建本地站点文件夹。可以直接输入站点的文件夹和站点的名称,也可以单击"本地站点文件夹"右边的文件夹按钮 📁,在弹出的"选择根文件夹"对话框中选择相应的文件位置,如图 2-7 所示。

(3)单击"保存"按钮,在文件面板中会显示新建的站点,如图 2-8 所示。

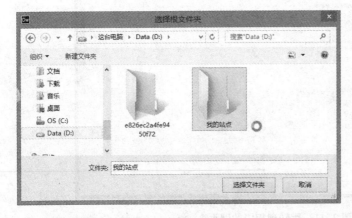

图 2-7 选择文件位置

图 2-8 文件面板中的新建站点

2.2.2 创建 Business Catalyst 站点

Business Catalyst 是一个免费的在线平台，它提供了一个在线远程服务站点，可使网站设计者获得一个功能强大的电子商务内容管理系统和一个展现自己才华的专业在线平台。

Business Catalyst 站点的创建，就像静态站点的建立一样，但由于 Business Catalyst 这一功能属于 adobe 公司附加设备提供，因此需要在联网状态下扩展此功能。步骤如下：

（1）打开 Dreamweaver CC，选择"站点"菜单→"新建 Business Catalyst 站点"命令，如图所示 2-9 所示。此时由于计算机没有附带该功能，会弹出如图 2-10 所示的提示信息。

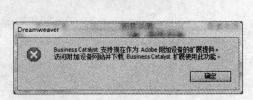

图 2-9　新建 Business Catalyst 站点"命令　　　　　　图 2-10　提示信息

（2）单击"确定"按钮，会跳转到相应的网页连接上，如图 2-11 所示。

图 2-11　跳转到相应的网页

（3）选择要安装的 Business Catalyst 软件，会弹出一个登录 Adobe 的窗口，如图 2-12 所示。输入 Adobe ID 登录凭据，即注册的 ID 进行登录后选择"安装"，系统弹出如图 2-13 所示对话框。在弹出的对话框中选择"使用 Extension Manager"下载。

图 2-12　登录 Adobe　　　　　　　　　　　　　　图 2-13　选择下载

（4）弹出如图 2-14，2-15 所示页面（同时会下载 creative cloud），并继续下载 Business Catalyst。

（5）如软件版本为 DW CC，需要对当前版本进行更新，如图 2-16 所示为软件更新。

图 2-14　下载 Business Catalyst　　　　图 2-15　选择 Intall Extension　　　　图 2-16　更新安装

（6）更新完毕，选择"文件"→"安装扩展"命令，选择安装的 Business Catalyst 文件，进行安装，如图 2-17 所示。

在安装过程中，需要进行一个许可证认证，单击"接受"按钮接受协议，并继续安装。

（7）读完进度条即完成安装，如图 2-18 所示。

完成对 Business Catalyst 功能的安装后，就可以创建 Business Catalyst 站点。

（1）选择"站点"→"新建 Business Catalyst 站点"命令，弹出 Business Catalyst 对话框，如图 2-19 所示。

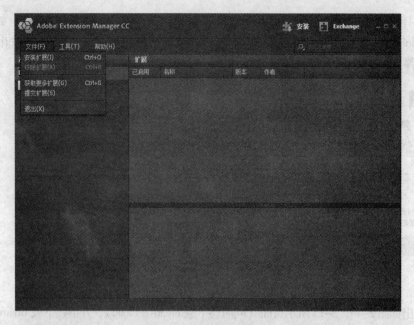

图 2-17　选择安装扩展

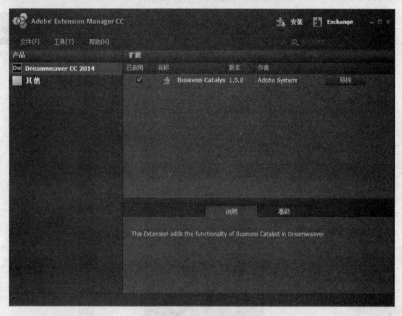

图 2-18　安装完成

（2）在弹出的对话框中可以对相关选项进行设置，在 Site Name 文本框中输入站点的名称，在 URL 文本框输入站点的 URL 名称。单击"Create Free Temporary Site"按钮，即可创建一个临时的 Business Catalyst 站点，如果输入的名称已被占用或者输入的字符不符合条件，会给出相关提示，否则系统会为用户分配一个 URL，如图 2-20 所示。

（3）单击"Create Free Temporary Site"按钮，弹出"选择站点本地根文件夹"对话框，会自行建立一个本地根文件夹，如图 2-21 所示。选择创建的文件夹，Dreamweaver CC 会自动与 Business Catalyst 站点进行连接，如图 2-22 所示。

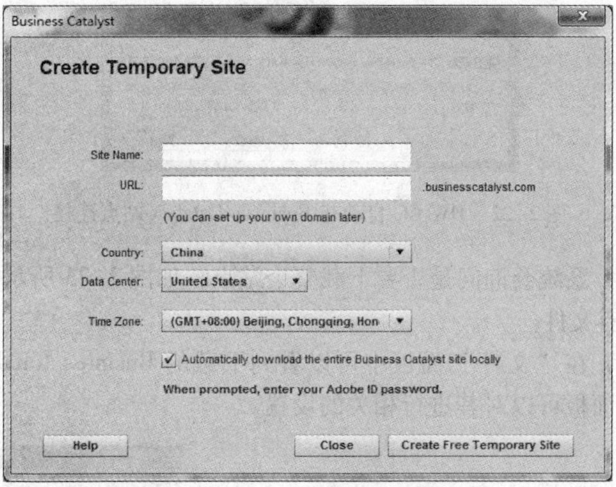

图 2-19　Business Catalyst 对话框

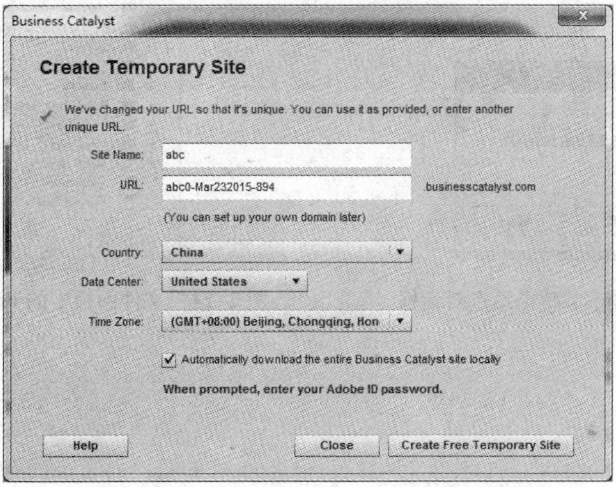

图 2-20　设置相关选项对话框

图 2-21　自行建立一个本地根文件夹

图 2-22　DW CC 自动与 Business Catalyst 站点连接

（4）连接成功后，系统会询问是否要下载整个站点，如图 2-23 所示，单击"确定"按钮即可下载站点中的所有文件。

（5）下载完成后，在"文件"面板中可以看到下载的 Business Catalyst 站点，如图 2-24 所示。通过"文件"面板可以对其进行相关的设置。

图 2-23　是否要下载整个站点对话框　　　　图 2-24　文件面板中的 Business Catalyst 站点

2.3　管理站点

2.3.1　编辑站点属性

在 Dreamweaver CC 中，对站点的编辑主要有编辑、删除、复制、导出、导入等操作。

（1）创建站点后，可以对站点进行编辑，选择"站点"→"管理站点"命令，在弹出的"管理站点"对话框中单击"编辑当前选定的站点"按钮。如图 2-25 所示。

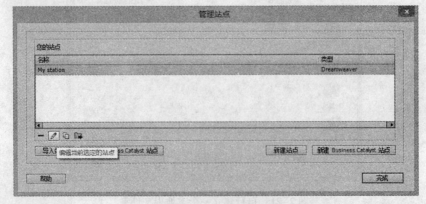

图 2-25　选择"编辑当前选定的站点"

（2）在弹出的"站点设置对象"对话框中，选择"高级设置"选项卡，可以编辑站点的相关属性，如图2-26所示。

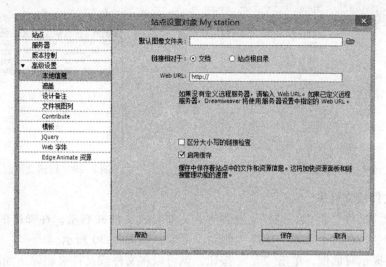

图2-26 "站点设置对象"对话框

（3）编辑完成后，单击"保存"按钮，即可完成站点的编辑。

1）如果不需要站点，可以将其从列表中删除，选择"站点"→"管理站点"命令，在弹出的对话框中选择不需要的站点，单击"删除当前选定的站点"按钮即可。如图2-27所示。

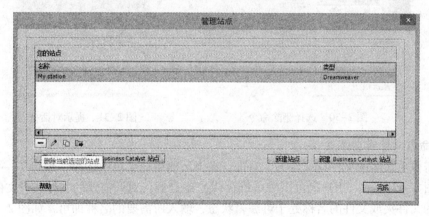

图2-27 选择"删除当前选定的站点"

2）对站点进行导出，生成一个".ste"文件。

2.3.2 操作站点文件

在"文件"面板中可以创建文件或文件夹，在网页制作过程中也可以随时将多余的文件夹或文件删除，还可以对所建立的文件夹或文件进行重命名。

1. 添加文件或文件夹

（1）打开 Dreamweaver CC，在"文件"面板中，选中所建站点或在空白处右击，在弹出的下拉菜单中选择"新建文件"或"新建文件夹"命令，如图2-28所示。

（2）继续右击，在弹出的快捷菜单中选择"新建文件"命令，创建一个文件，如图2-29所示。

图 2-28 新建文件夹或文件

图 2-29 新建文件面板

2. 删除文件或文件夹

（1）打开"文件"面板，选择需要删除的文件夹或文件并右击，在弹出的快捷菜单中选择"编辑"命令，在其子菜单中选择"删除"命令，如图 2-30 所示。

（2）弹出提示对话框，单击"是"按钮，就可以将文件或文件夹删除，如图 2-31 所示。选择需要删除的文件夹或文件，按〈Delete〉键也可以将其删除。

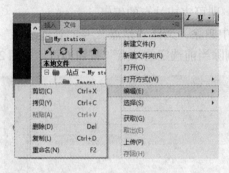

图 2-30 选择删除命令

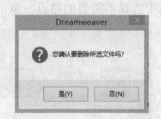

图 2-31 提示对话框

3. 重命名文件或文件夹

选择需要重命名的文件或文件夹，右击，在弹出的快捷菜单中选择"编辑"→"重命名"命令，如图 2-32 所示。用户也可以按〈Fn + F2〉组合键，对所需要的文件夹或文件命名。

此时的文件夹或文件的名称处于可编辑状态，输入所需要的名称即可，如图 2-33 所示。

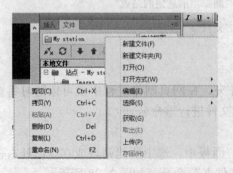

图 2-32 选择"重命名"

图 2-33 文件可编辑状态

2.4 测试与发布

当一个网站完成后，需要对其进行相应的测试，测试通过后，便可以将其发布。

2.4.1 测试站点

测试站点的内容有很多种，例如测试不同浏览器能否浏览网站、不同显示分辨率的显示器能否正常显示网站、站点中有没有断开的链接等内容。对于大型的站点，测试系统程序，检查其功能是否能正常实现是十分关键的工作，接下来就是前台界面的测试，检查是否有文字与图片丢失、链接是否成功。

1. 检查链接

（1）在菜单栏中，打开"文件"菜单，选择"打开"命令，选择需要检测的网站页面，然后打开"窗口"菜单，选择"结果"命令，在弹出的子菜单中选择"链接检查器"命令，打开"链接检查器"面板，如图2-34所示。

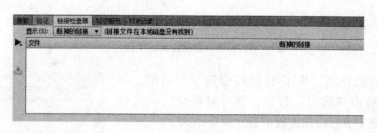

图2-34 "链接检查器"面板

（2）单击"链接检查器"面板上方的三角按钮 ▶，在弹出的下拉菜单中选择相应的链接情况进行检测，如图2-35所示。

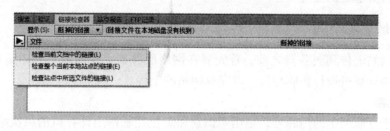

图2-35 选择检测类型

2. W3C 验证

在 Dreamweaver CC 中可以通过 W3C 验证功能来检查当前网页或整个站点中所有网页是否符合 W3C 要求。World Wide Web Consortium（W3C）提供的验证服务可以为互联网用户检查 HTML 文件是否符合 HTML 或 XHTML 标准，也可以向网页设计师提供快速检查网页错误的方法。

（1）在菜单栏中，选择"文件"菜单下的"打开"命令，选择需要进行 W3C 验证的网站页面，然后执行"窗口"菜单下的"结果"命令，在其子菜单中选择"验证"命令，打开

"验证"面板,如图 2-36 所示。

图 2-36 "验证"面板

(2)单击"验证"面板上方的三角按钮 ▶,在弹出的下拉菜单中选择"验证当前文档(W3C)(V)"选项,如图 2-37 所示。

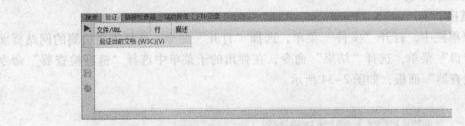

图 2-37 选择验证的类型

(3)选择后将弹出"W3C 验证器通知"对话框,如图 2-38 所示。单击"确定"按钮,即可对提交页面进行 W3C 验证,验证完成后将在面板中显示验证结果。

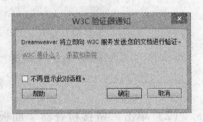

图 2-38 "W3C 验证通知"对话框

通过 W3C 验证后可以看到网页是否符合 W3C 规范,单击"验证"面板的三角按钮,在弹出的菜单中选择"设置"选项,会弹出"首选项"对话框,选中"W3C 验证程序"选项,设置要验证的文件类型。

2.4.2 申请域名和空间

将完成的网站上传到服务器之前,首先要在网络服务器上注册域名和申请网络空间,同时,还要将本地计算机进行相应配置,以完成网站的上传。

1. 注册域名

域名类似于互联网上的门牌号,是用于识别和定位互联网上计算机的层次结构字符标识,与该计算机的互联网协议地址(IP)相对应。但相对于 IP 地址而言,域名更容易理解和记忆。域名属于互联网上的基础服务,基于域名可以提供 WWW、E-mail 及 FTP 等应用服务。

在注册域名时要注意,现在有不少的域名注册服务商在注册国际域名时,往往会将域名的管理联系人等项目改为自己公司的信息,但是,这个域名实际上并不为个人所有。

网站建立好之后,就要在网上给网站注册一个标识,即域名。在申请域名时,需要注意两点。

容易记忆的域名不仅方便输入,而且有利于网站推广。长度短的域名容易记忆。

2. 申请空间

域名注册成功之后,就需要为自己的网站在网上安个"家",即申请网站空间。

网站空间有免费空间和收费空间两种。对于初学者来说，可以先申请免费空间使用。免费空间只需要向空间的提供服务器提出申请，在得到答复后，按照说明上传主页即可，主页的域名和空间不用操心。

2.4.3 发布站点

要发布网站，即上传网页文件到远程 Web 服务器对应的 FTP 服务器，可在 Dreamweaver CC 的"文件"面板中完成，也可用其他方式，如 Web 页面上传、E - mail 上传、FTP 其他工具上传完成。

在上传之前需要配置网站服务器，具体操作如下。

（1）选择"站点"菜单下的"管理站点"命令，打开如图 2-25 所示"管理站点"对话框。

（2）在"管理站点"对话框中选择站点并单击"编辑当前选定的站点"按钮 ![icon]，打开站点设置对话框，选择左侧"服务器"选项，如图 2-39 所示。

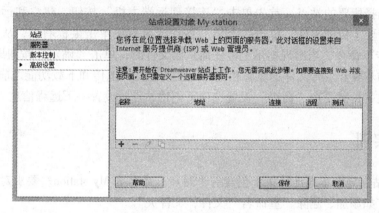

图 2-39 "服务器"选项界面

（3）单击"服务器"选项界面右侧下方的"添加新服务器"按钮，在弹出的对话框中输入相应的服务器信息，如图 2-40 所示。

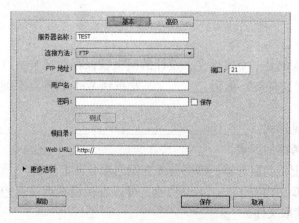

图 2-40 添加新服务器信息

（4）单击"测试"按钮，测试网络连接是否成功，然后弹出相应的提示框。如果连接成功，单击"保存"按钮，返回"站点设置对象"对话框，查看添加的新服务器。单击"保存"按钮，返回"管理站点"对话框，单击"完成"按钮。在"文件"面板中单击"展开以显示本地和远端站点"按钮，打开上传文件窗口，单击"连接到远端主机"按钮。

（5）在工具栏中单击"上传文件"按钮，弹出消息对话框，询问是否上传整个站点，单击"确定"按钮开始上传网站内容。上传完成后，所有内容都会上传到空间，至此网站发布完成。

将站点上传后，需要对站点进行维护，包括报告、检查改变站点范围的链接、清理冗余文档、与远程服务器同步等。

2.5　文件的上传和下载

Dreamweaver CC 中内置了 FTP 功能，可以直接将本地站点内的文件传输到服务器上，也就是所谓的"上传"，或者从服务器上获取文件，即"下载"。

执行"窗口"菜单，选择"文件"命令，打开"文件"面板，在"文件"面板中的站点下拉列表框中选择所要的站点。首先单击"连接到远端主机"按钮，建立和远端服务器的连接。然后选中需要上传的文件，单击"上传"按钮或者直接单击鼠标右键，从弹出的快捷菜单中选择"上传"命令，当出现提示上传任何从属文件时，单击"确定"按钮即可。

下载文件的步骤和上传文件的步骤相似。但在使用文件上传和下载功能之前，必须要定义远程服务器。也就是需要在"高级"设置选项下创建站点时设置一下远程信息。

2.6　上机实训

1. 利用建站向导在本地计算机上创建一个站点，命名为 My station。要求对该站点做一些基本文件操作。如添加、删除、重命名"文件，文件夹"。

2. 申请个人域名与空间，完成对自己站点的上传，同时要求完成对本地文件的上传和下载。

2.7　习题

一、填空题

1. 站点实际上对应的是一个文件夹，设计的网页就保存在这个站点（文件夹）中，存储在本地机器中的站点（文件夹）称为_____，发布到 Web 服务器上的站点（文件夹）则称为_____。

2. 页面布局的常见形式：_____、_____、_____、_____。

3. 页面设计主要考虑的因素：_____、_____、_____。

4. 将完成的网站上传到服务器，需要首先在网络服务器上注册_____和申请_____。

5. Dreamweaver CC 中内置了_____功能，可以直接将本地站点内的文件传输到服务器上，或者从服务器上获取文件。

二、简答题

1. 如何新建一个本地站点？

2. 如何建立一个 Business Catalyst 站点？

第3章 文本和图像

文本和图像是页面的基本元素。

文本是页面不可缺少的内容，也是网页内容的精华，一个网站的好坏主要由其文本内容是否丰富来衡量。文本的格式化可以充分体现文档所要表达的信息，在页面中制作一些段落的格式，在文档中构建丰富的字体，从而让文本达到赏心悦目的效果，这些对于专业网站来说，是不可或缺的。

在网页制作中恰当运用图像，可以更加突出网页的风格。Dreamweaver CC 和大多数浏览器一样支持 JPEG、GIF 和 PNG 图像。

3.1 案例 1：创建一个新文档并保存

【案例目的】创建一个空白文档，录入相关文本内容，效果如图 3-1 所示。

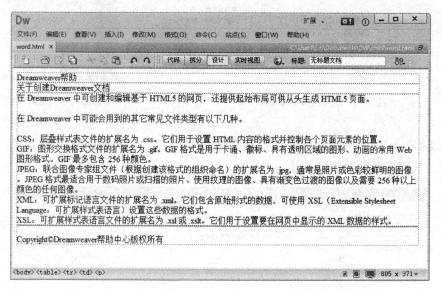

图 3-1 新文档制作效果

【核心知识】掌握文档的基本操作，新建文档和保存文档。学习在 Dreamweaver CC 中录入文本和插入其他内容。

3.1.1 创建新文档

新文档可以通过以下方法创建。

（1）创建新的空白文档或模板。

（2）创建基于 Dreamweaver 附带的一个预设计页面布局（包括 30 多个基于 CSS 的页面布局）的文档。

（3）创建基于某现有模板的文档。

（4）还可以设置文档首选参数。例如，如果经常使用某种文档类型，可以将其设置为创建的新页面的默认文档类型。

在"设计"视图或"代码"视图中可以轻松定义文档属性，如 meta 标签、文档标题、背景颜色和其他几种页面属性。

启动 Dreamweaver CC，出现如图 3-2 所示窗口，选择"新建"下的"HTML"即可直接创建一个空白文档。如果 Dreamweaver CC 已经启动，单击"文件"菜单下的"新建"命令，如图 3-3所示。

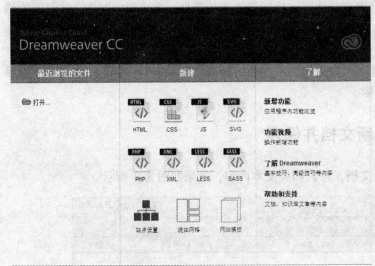

图 3-2　启动 Dreamweaver CC

图 3-3　"文件"菜单下的"新建"命令

弹出如图 3-4 所示"新建文档"对话框，选择"空白页"类别中的"HTML"，文档类型"HTML5"，单击"创建"按钮即可。

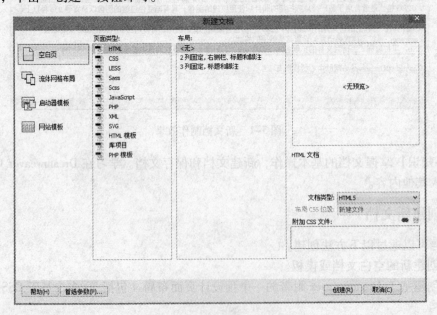

图 3-4　"新建文档"对话框

案例分解 1：新建文档

（1）打开 Dreamweaver CC，选择"文件"菜单下的"新建命令"，在弹出的子命令中选择"HTML"。弹出的页面如图 3-5 所示。

图 3-5　新建 HTML 页面

3.1.2　添加文本和插入对象

在文档中添加文本是文档基本操作中最基础的操作，在任意的网页元素中都可以添加文本。

1. 添加文本

在文档中添加文本可以在当前光标位置直接添加，也可在层或表格中添加。

（1）在文档的光标所在位置添加时，用鼠标点击准备添加文本的位置，即可直接添加文本。效果如图 3-6 所示。

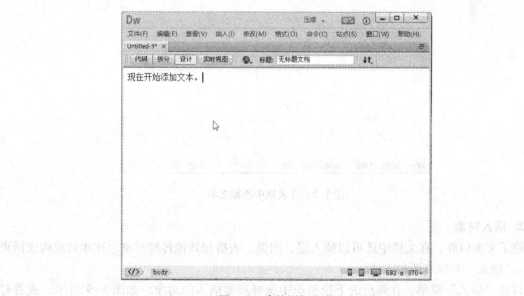

图 3-6　直接添加文本

（2）在层内添加文本时，需先在文档中插入 Div 层，然后在层内输入文本。效果如图 3-7 所示。

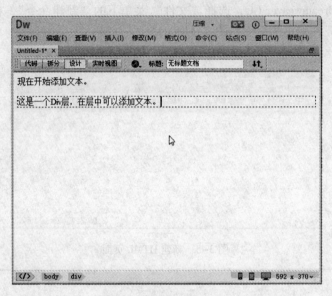

图 3-7　在层内添加文本

（3）在表中添加文本时，需先在文档中插入表格，单击要插入文本的单元格，即可在其中输入文本，效果如图 3-8 所示。

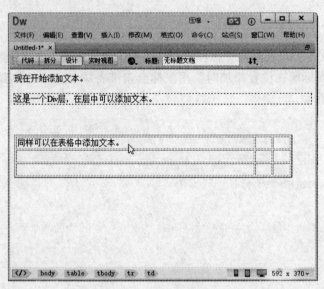

图 3-8　在表格中添加文本

2. 插入对象

除了文本以外，在文档中还可以插入层、图像、表格和其他各种对象，这些对象构成网页元素。"插入"对象有两种方法。

打开"插入"菜单，在弹出的下拉菜单中选择所要插入的对象，如图 3-9 所示。或者打开浮动面板，选择"插入"面板，通过其中的按钮插入相应的对象，如图 3-10 所示。

图 3-9 通过"插入"下拉菜单插入对象

图 3-10 通过"插入"面板插入对象

（1）插入日期

网页需要不断更新，日期也需要随之变化，为了保持网页消息的及时性，可以在适当的位置插入日期。

打开如图 3-9 所示的"插入"下拉菜单，或者在如图 3-10 所示的"插入"面板中选择"日期"。弹出如图 3-11 所示的"插入日期"对话框，提示用户选择格式。

在"插入日期"对话框中，"星期格式"包括"不要星期"和不同的星期格式；"日期格式"以不同的格式显式日期；"时间格式"有 24 小时格式和 12 小时格式；选择"储存时自动更新"即会对所插入时间进行自动调整。

（2）插入特殊字符

Dreamweaver 提供了一些特殊字符如"换行符"、"不换行空格"、"版权"、"注册商标"等作为对象可直接插入，如图 3-12 所示。

如果单击"其他字符"命令，还可以从如图 3-13 所示对话框中选择其他字符插入。

图 3-11 "插入日期"对话框   图 3-12 "插入"菜单下   图 3-13 插入其他字符
　　　　　　　　　　　　　　　　的"特殊字符"选项

案例分解 2：在文档中录入内容

（1）在新建的文档中插入 4 行 1 列，宽度为 780px（像素）的表格，如图 3-14 所示。

Dw
扩展
文件(F) 编辑(E) 查看(V) 插入(I) 修改(M) 格式(O) 命令(C) 站点(S) 窗口(W) 帮助(H)
Untitled-1*
代码 拆分 设计 实时视图
标题: 无标题文档
<body><table>
823 x 371

图 3-14　插入表格

（2）在第 1、2、3 行中录入文字，如图 3-15 所示。

Dreamweaver帮助
关于创建Dreamweaver文档
在 Dreamweaver 中可创建和编辑基于 HTML5 的网页，还提供起始布局可供从头生成 HTML5 页面。
在 Dreamweaver 中可能会用到的其它常见文件类型有以下几种。
CSS：层叠样式表文件的扩展名为 .css。它们用于设置 HTML 内容的格式并控制各个页面元素的位置。
GIF：图形交换格式文件的扩展名为 .gif。GIF 格式是用于卡通、徽标、具有透明区域的图形、动画的常用 Web 图形格式。GIF 最多包含 256 种颜色。
JPEG：联合图像专家组文件（根据创建该格式的组织命名）的扩展名为 .jpg，通常是照片或色彩较鲜明的图像。JPEG 格式最适合用于数码照片或扫描的照片、使用纹理的图像、具有渐变色过渡的图像以及需要 256 种以上颜色的任何图像。
XML：可扩展标记语言文件的扩展名为 .xml。它们包含原始形式的数据，可使用 XSL（Extensible Stylesheet Language：可扩展样式表语言）设置这些数据的格式。
XSL：可扩展样式表语言文件的扩展名为 .xsl 或 .xslt。它们用于设置要在网页中显示的 XML 数据的样式。

图 3-15　录入文字

（3）在第 4 行中插入水平线，如图 3-16 所示。

Dreamweaver帮助
关于创建Dreamweaver文档
在 Dreamweaver 中可创建和编辑基于 HTML5 的网页，还提供起始布局可供从头生成 HTML5 页面。
在 Dreamweaver 中可能会用到的其它常见文件类型有以下几种。
CSS：层叠样式表文件的扩展名为 .css。它们用于设置 HTML 内容的格式并控制各个页面元素的位置。
GIF：图形交换格式文件的扩展名为 .gif。GIF 格式是用于卡通、徽标、具有透明区域的图形、动画的常用 Web 图形格式。GIF 最多包含 256 种颜色。
JPEG：联合图像专家组文件（根据创建该格式的组织命名）的扩展名为 .jpg，通常是照片或色彩较鲜明的图像。JPEG 格式最适合用于数码照片或扫描的照片、使用纹理的图像、具有渐变色过渡的图像以及需要 256 种以上颜色的任何图像。
XML：可扩展标记语言文件的扩展名为 .xml。它们包含原始形式的数据，可使用 XSL（Extensible Stylesheet Language：可扩展样式表语言）设置这些数据的格式。
XSL：可扩展样式表语言文件的扩展名为 .xsl 或 .xslt。它们用于设置要在网页中显示的 XML 数据的样式。

图 3-16　插入水平线

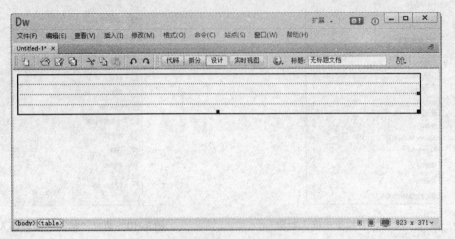

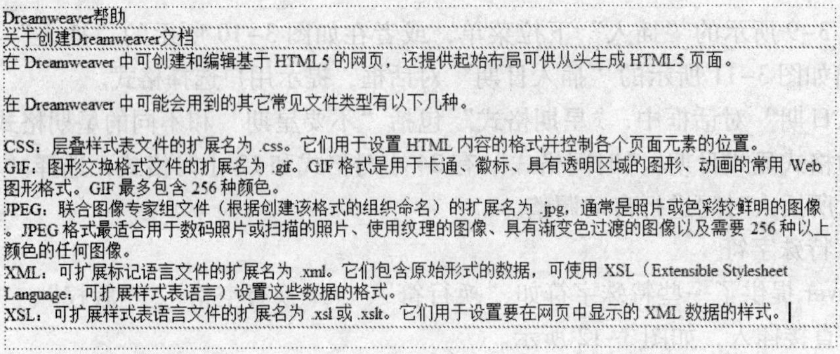

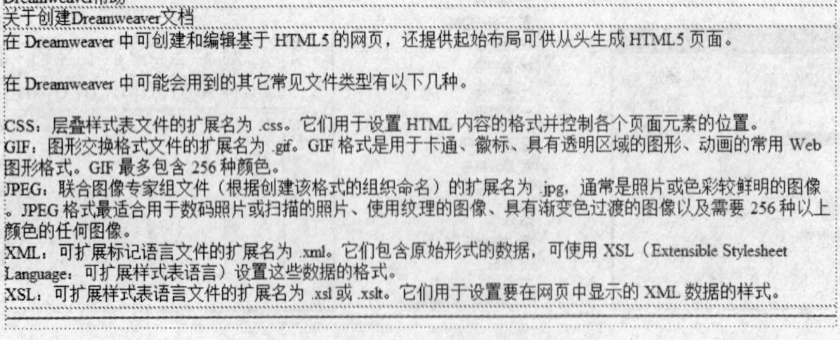

（4）在水平线下输入"Copyright"，然后打开"插入"菜单，选择"字符"命令，在弹出的子菜单中选择"©版权"，即可插入"©"，最后输入"Dreamweaver 帮助中心版权所有"等内容，如图 3-17 所示。

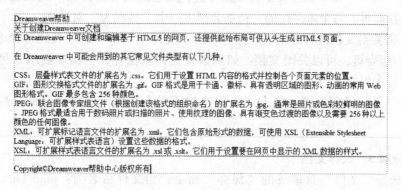

图 3-17 插入版权信息

3.1.3 保存文档

在文档内容编辑完成之后，要存储该文档，以便日后使用和维护。

单击如图 3-3 所示的"文件"菜单下的"保存"命令，或是直接按〈Ctrl + S〉组合键。如果该文档尚未保存过，则会出现 Windows 标准的"另存为"对话框。选择路径并输入文件名，如图 3-18 所示，单击"保存"按钮即可。如果该文档已被保存过，则会直接存储文档，不会再出现对话框。

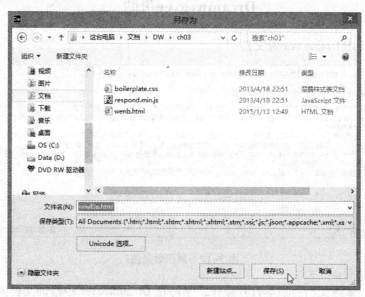

图 3-18 "另存为"对话框

（1）如果希望文档以其他的名称保存，则单击"文件"菜单下的"另存为"命令，或直接按〈Ctrl + Shift + S〉组合键。在"另存为"对话框中，选择路径和输入新的文件名，保存即可。

（2）如果在制作过程中打开多个页面，希望将所有文档都保存，则单击"文件"菜单下的"保存全部"命令。如果某些文档尚未保存过，则会出现"另存为"对话框，用户选择路径、文件名保存即可。每个未保存的文档都会弹出一个"另存为"对话框。

（3）在不需要对文档进行编辑时，通过单击"文件"菜单下的"关闭"命令，或者直接按〈Ctrl + W〉组合键，可以关闭文档。如果该文档尚未保存，会出现提示"另存为"对话框，提示用户首先保存文档。

单击"是"按钮保存文档，单击"否"按钮不保存文档，单击"取消"按钮则放弃该操作。

案例分解 3：保存文档

（1）选择"文件"菜单下的"保存"命令，为文件命名为：word. html。保存之后，文档的文件名由 untitled – 1 修改为 word. html，如图 3-1 所示。

3.2　案例 2：打开已有文档并修饰文档内容

【案例目的】学习修饰文档内容，效果如图 3–19 所示。

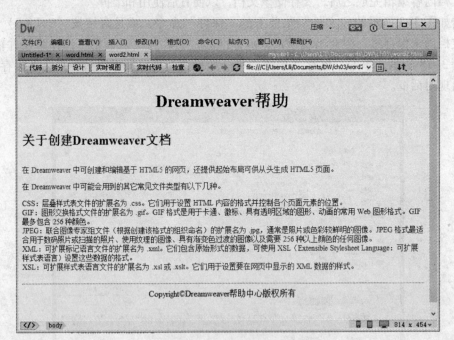

图 3–19　制作效果图

【核心知识】掌握文档的基本打开操作，学习在 Dreamweaver 中修饰文档内容。

3.2.1　打开文档

如果文档已经存在，可以启动 Dreamweaver，单击"文件"菜单下的"打开"命令，弹出

"打开"对话框，选择需要的文件，单击"打开"按钮，如图 3-20 所示，即可打开该文档。

还可以在右侧浮动面板中，打开"文件"面板，选择所需文件名，直接双击，也可以打开文件，如图 3-21 所示。

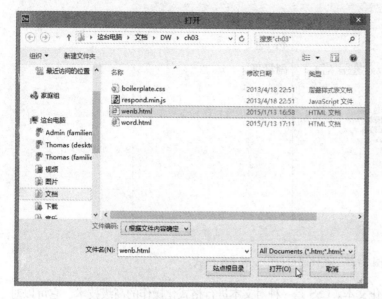

图 3-20 "打开"对话框

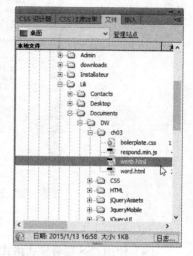

图 3-21 "文件"面板

3.2.2 文本格式化

在 Dreamweaver CC 中，有很多方法可对文本进行格式化。

（1）打开"格式"菜单，有很多命令可以对文本进行格式化，包括 HTML 样式和 CSS 样式的使用，如图 3-22 所示。

图 3-22 "格式"下拉菜单

（2）使用属性面板对文本进行格式化修饰，如图 3-23 所示。

图 3-23 通过属性窗口对文本进行格式化设置

（3）使用"代码"或者"拆分"窗口，通过编写代码来进行文本格式化，如图 3-24 所示。此种方法留在以后的章节中讲解。

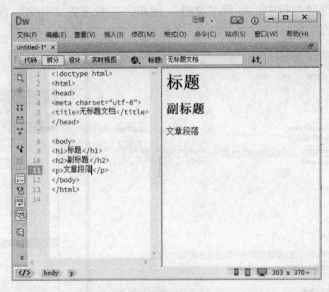

图 3-24　在代码窗口中设置文字格式

（4）使用 CSS 层叠样式格式化文本。CSS 是一种对文本进行格式化操作的高级技术，它可以对文本的格式进行精确控制，并且可以在文档中实现格式的自动更新。在以后的章节中会专门讲解。

案例分解 1：打开文档修饰文本内容

（1）选择"文件"菜单中的"打开"命令，打开如图 3-1 所示 word. html 文档。

（2）选择第 1 行标题文字，在属性面板中设置其格式为"标题 1"。或者在"格式"下拉菜单中设置"段落格式"为"标题 1"，对齐方式为"居中对齐"，如图 3-25 所示，设置第 2 行为"标题 2"。

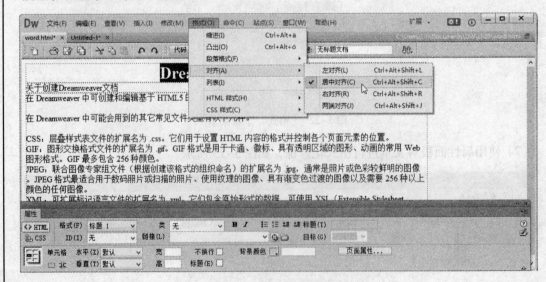

图 3-25　设置标题字体格式

（3）将光标放置在正文部分，在属性面板中单击"CSS"，在其中设置字体为 14 号字，蓝色#330099，如图 3-26 所示。

图 3-26　设置正文字体

（4）选择版权字体，在属性面板中的 CSS 部分设置为居中对齐，如图 3-27 所示。

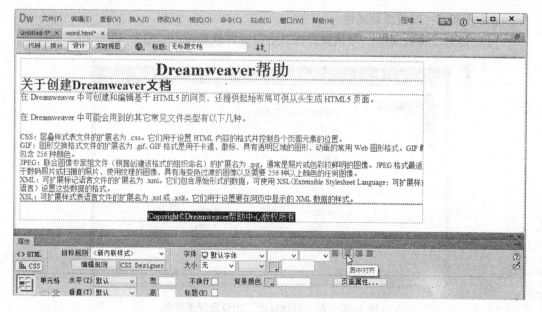

图 3-27　设置版权文字

3.2.3　文档页面属性

文档的页面属性可以对页面的外观、字体、背景，链接字体、颜色，标题等进行更详细的设置。

单击如图 3-23 所示属性面板中右侧的"页面属性"按钮，或者如图 3-28 所示的选择"修改"下拉菜单中的"页面属性"命令，都可以打开如图 3-29 所示的"页面属性"对话框。

图 3-28　从"修改"下拉
菜单中打开页面属性

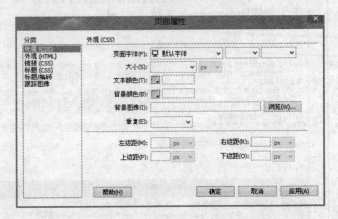

图 3-29　"页面属性"对话框

在页面属性对话框中根据不同的分类进行设置，例如在图 3-29 中可以设置文字的样式、粗细和大小，文本颜色，背景颜色和图像，并可以设置其左右上下边距。

案例分解 2：设置页面属性

（1）打开"页面属性"对话框，在其中设置背景颜色，如图 3-30 所示。

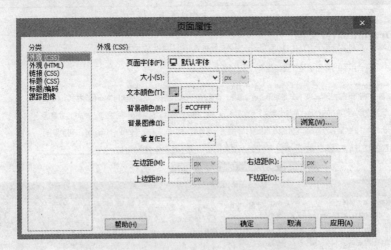

图 3-30　在"页面属性"中设置背景颜色

单击"确定"按钮，保存页面。

（2）切换到"实时视图"如图 3-19 所示。

3.3 案例3：插入图像并设置其属性

【案例目的】插入图像并设置图像属性，效果如图3-31所示。

图3-31　效果显示图

【核心知识】掌握插入图片的基本使用方法。

3.3.1 插入图像

在 Dreamweaver CC 中图像属于插入的对象之一，可以在"插入"下拉菜单中插入图像，也可以在插入面板中选择"常用"选项，在其中插入图像，如图3-32所示，在"图像"菜单中有三个元素可以使用。

选择要插入图像的位置，插入"图像"元素后，弹出"选择图像源文件"对话框，如图3-33所示。

图3-32　"插入"面板中　　　　　图3-33　"选择图像源文件"对话框
　　　　　插入图像

图像被插入到文档中后,在"属性"面板中可以设置图像的属性,包括 ID、宽度、高度、链接地址和替代文字等,如图 3-34 所示。图像的属性面板下方用于创建影像地图,可参看上机实训项目二。

图 3-34　图像的属性面板

3.3.2　调整图像

　　如果插入的图像在文档中需要调整,可以在其属性面板中输入需要的宽度和高度来调整,还可以通过拖动鼠标的方法来调整其大小。

　　选定图像,拖动右边的手柄,可以调整元素的大小;拖动右下角的手柄,可同时调整元素的宽度和高度,如果按住〈Shift〉键拖动右下角的手柄,元素的宽高比保持不变,如图 3-35 所示。如果在调整大小后感到不满意,单击属性面板中的 W 和 H,可恢复为图像的原始大小。

　　选定图像,在"格式"下拉菜单中选择"对齐"可以设置其在文档中的对齐方式。

图 3-35　调整图像大小

案例分解:插入图像

（1）新建一个 HTML 文档,插入一个 Div 层,作为图片的容器,如图 3-36 所示。

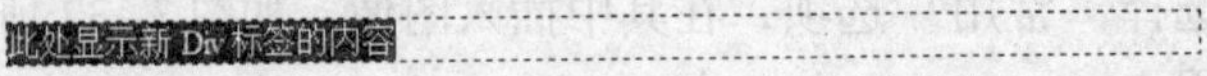

此处显示新 Div 标签的内容

图 3-36　插入 Div

（2）在 Div 中插入图像,如图 3-37 所示。

图 3-37　插入所选图像

（3）在"格式"下拉菜单中选择"对齐"命令,在弹出的子菜单中选择"居中对齐",将图像居中对齐。然后再在 Div 中输入相应的文本,如图 3-38 所示。

图 3-38　选择对齐方式并输入相应文本

（4）切换到"实时视图"，如图 3-31 所示。

3.4　案例 4：插入轮换图像

【案例目的】插入轮换图像，当鼠标经过文本下方图片时，显示第二幅替换图像，如图 3-39 所示。在第二幅图像显示时单击鼠标，则可前往所设置的 baidu 链接网页。

图 3-39　插入轮换图像效果显示图

【核心知识】掌握轮换图像的制作方法。

轮换图像是指：当鼠标指针经过一幅图像时，它的显示会变为另一幅隐藏图像。轮换图像实际是由两幅图像组成，分别是初始图像和替换图像。

选择插入"图像"时，有三个元素可以使用，如图 3-32 所示。单击其中的"鼠标经过图像"选项，弹出"插入鼠标经过图像"的对话框，如图 3-40 所示。

"原始图像"：通过直接输入或单击"浏览"按钮选择原始图像的路径和文件名。

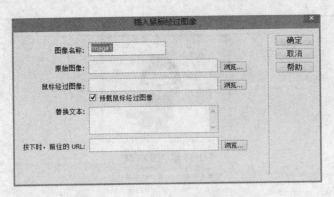

图 3-40 "鼠标经过图像"对话框

"鼠标经过图像"：通过直接输入或单击"浏览"按钮选择第二幅图像，即替换图像。

"替换文本"：可以输入当鼠标经过时要显示的文本。当浏览器不支持图像，或关闭了浏览器的显示图像特性时，浏览器会显示这里设置的文本。"按下时，前往的 URL"：可以加入要链接的站点。

创建轮换图像还可以使用附加行为的方法。（见第 13 章）

案例分解：

（1）选择"插入"菜单中"图像"选项的"鼠标经过图像"元素，在"插入鼠标经过图像"对话框中进行设置，如图 3-41 所示。

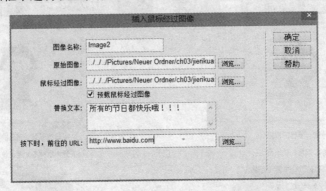

图 3-41 设置"鼠标经过图像"

（2）按〈F12〉键，预览效果如图 3-39 所示。

3.5 上机实训

项目一：制作文本文档，插入文本和图片，设置其页面属性

（一）内容要求

制作一个文本文档；综合使用"页面属性"对话框设置页面属性，如图 3-42 所示。

（二）技术步骤

（1）利用新建页面创建一个空白的文档，插入 4 行 1 列的表格，在表格中的第 2 行和第 3 行录入文本，如图 3-43 所示。

父与子

《父与子》是一部德国幽默大师埃·奥·卜劳恩创作的连环漫画，作品中一个个生动幽默的小故事都是来自于漫画家在生活中的真实感受，父与子实际上就是卜劳恩与儿子克里斯蒂安的真实写照。

《父与子》系列漫画出自德国漫画大师埃·奥·卜劳恩之手，整部作品创作于1934—1937年之间。当时德国的报刊杂志被纳粹政府控制，刊登的内容枯燥无味。幽默漫画《父与子》的出现为人们带来了惊喜和快乐，受到了热烈欢迎，并且在几十年时间里一直受到人们的关注，被誉为德国幽默的象征。《父与子》早已跨越了国界，成为全世界人们可贵的精神财富。这部书充满趣味。

图 3-42　制作文档效果

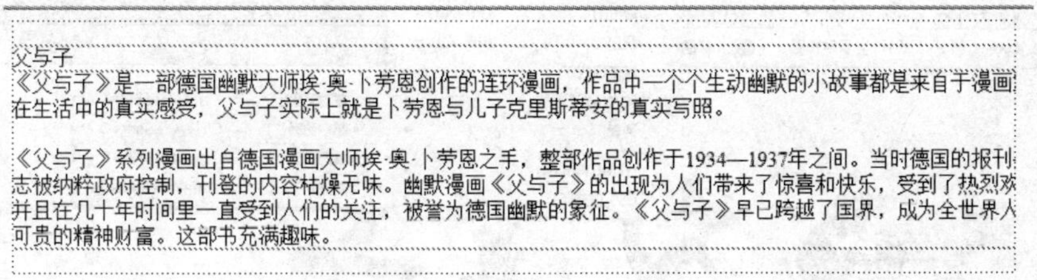

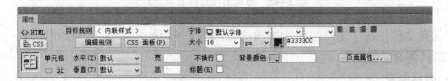

图 3-43　新建文档并录入文本

（2）设置第 2 行为标题 1，格式为居中；第 3 行为段落格式，文字大小为 16 像素，颜色为蓝色，如图 3-44 所示。

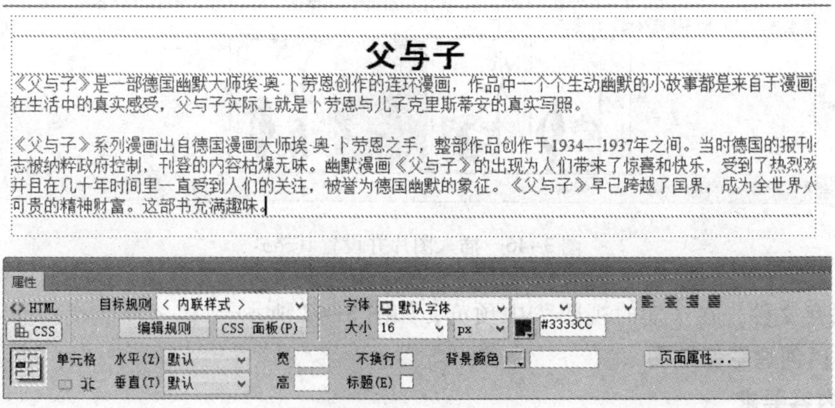

图 3-44　设置文本格式

（3）打开"页面属性"，在弹出的"页面属性"对话框中设置背景颜色，如图 3-45 所示。

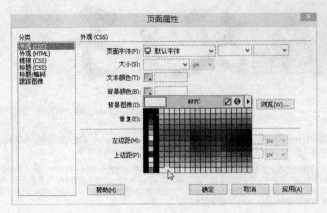

图 3-45 设置背景

（4）在第 1 行插入两幅图片，左对齐。第 4 行插入图片，设置为居中对齐。如图 3-46 所示。

图 3-46 插入图片并设置其格式

（5）保存文件，在"实时视图"中预览，如图 3-42 所示。

项目二：创建影像地图

（一）内容要求

为不同区域创建影像地图链接。如图 3-47 所示，当选定某个图像区域时，比如最右的企鹅，可以链接到相应的目的 URL。

图 3 –47　制作影像地图

（二）技术步骤

（1）在新建的文档中插入一幅图像，如图 3 –48 所示。

（2）打开如图 3 –34 所示图像的属性面板，在"地图"下方分别是"指针热点工具"按钮、"矩形热点工具"按钮□、"圆形热点工具"按钮○和"多边形热点工具"按钮▽。选择"多边形热点工具"按钮。在地图中划分区域，系统弹出如图 3 –49 所示提示框。

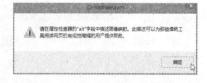

图 3 –48　插入图像　　　　　　　　　　图 3 –49　映射提示框

（3）单击"确定"按钮，在地图中选择要划分的区域，如图 3 –50 所示。

（4）通过"指针热点工具"还可以将选定的划分区域任意移动。

（5）在属性面板中为选定区域创建影像地图链接，如图 3 –51 所示。

（6）保存文件，按〈F12〉键预览，即可得到如图 3 –47 所示效果。

图 3 – 50 划分不同区域

图 3 – 51 创建链接

3.6 习题

一、填空题

1. 单击"文件"菜单下的"保存"命令或者按_____组合键都可以保存当前文档。

2. 在文档中插入日期可以直接使用_____面板。

3. 在层中添加文本之前必须先_____层。

4. 特殊字符中®代表_____。

5. 轮换图像是指＿＿＿＿＿＿＿＿＿＿＿＿＿＿＿＿＿＿＿＿＿＿＿＿＿＿＿＿＿＿＿＿＿。

6. 拖动调整图像元素的大小时可按住＿＿＿＿＿＿以保持元素的宽高比不变。

二、简答题

1. 简述新建文档的几种不同方法。

2. 简述如何在文档中插入图片。

3. 简述在文档中插入日期的过程。

4. 调整图像对齐时，有几种对齐方式？

第4章 表 格

表格在 Dreamweaver 中用处非常广泛，可以用于制作简单的图表，也可以用于安排网页文档的整体布局。表格的使用可以使我们接触的信息更加简洁和条理化。合理运用表格，可以使设置制作的网页页面布局排版更加漂亮，使网站的建设更加专业化。本章主要介绍表格的一些基本操作，系统地学习表格的操作方法。通过本章的学习，可以了解如何创建表格，如何对单元格进行剪切、复制、粘贴、重置大小、合并与拆分以及如何添加和删除行和列，如何设置表格与单元格的属性等。

4.1 案例1：使用表格制作简易汇款单

【案例目的】利用表格的基本操作，制作汇款单，效果见图4-1。

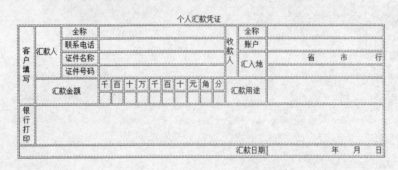

图4-1 用表格制作的简易汇款单

【核心知识】表格高度和宽度等的属性设置，表格的拆分和合并。

4.1.1 在页面中插入表格

表格的基本组成，一般包括3部分，如图4-2所示。

图4-2 表格的基本组成

其中行是表格中的水平间隔，列是表格中的垂直间隔，单元格是表格中行与列相交产生的区域，一般用来放置图像和文字。

在网页中插入表格，将光标放置在页面需要创建表格的位置，选择"插入"菜单中的"表格"命令，如图4-3所示，或直接按〈Ctrl + Alt + T〉组合键。

图 4-3　插入表格

4.1.2　设置表格属性

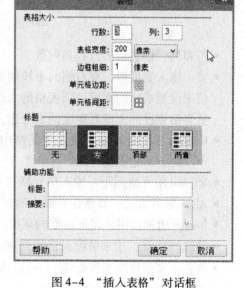

插入表格后，出现"表格"对话框，可以进行表格属性的设置，如图 4-4 所示。

- 表格宽度：有百分比和像素两种单位可以进行设置。以百分比为单位进行设置时，按网页浏览区的宽度为基准；以像素为单位进行设置是表格的实际宽度。一般在表格嵌套时多以百分比为单位。

- 边框粗细：在插入表格时，表格边框粗细的"默认值"为 1 像素，如把表格"边框粗细"的值设置为 0，表格的边框即为虚线，如图 4-5 所示。这样在浏览网页时就看不到表格的边框了。

图 4-4　"插入表格"对话框

- 单元格边距：单元格边距是表示单元格中的内容与边框的距离。单元格边距为默认值 1，其单元格中的内容与边框的距离很近。如果把边距设为 8，单元格中内容与边距之间就会存在一定的距离，如图 4-6 所示。

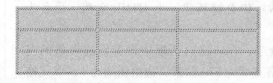

图 4-5　"边框粗细"为"0"

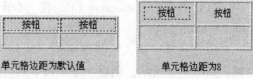

图 4-6　单元格边距分别为默认值和 8 的效果

- 单元格间距：是指单元格与单元格、单元格与表格边框的距离。在默认情况下，"间距"的值为 2。

- 标题：是为表格选择一个加粗文字的标题栏。可将标题设置为无、左边、顶部，或者左边和顶部同时设置。如果选择"无"，则表格没有加粗的文字。如图4-7是标题分别选择"左边"和"顶部"时的效果。

班级	计1401	计1402
姓名	王红	刘明
性别	女	男

标题在左边

班级	姓名	性别
计1401	王红	刘明
计1402	女	男

标题在顶部

图4-7　标题分别设在左边和顶部

- 辅助功能：主要是为表格提供标题和对表格内容提供简单的摘要描述。

还可以在"属性"面板中对表格进行设置，如图4-8所示。

图4-8　表格的"属性"面板

- 行和列：即表格的行数和列数。
- 宽：输入宽度值，在右侧的下拉列表中，选择宽度单位，可以选择像素，以绝对的像素值来设置表格的宽度，则表格的大小不随浏览器窗口大小改变而改变；选择百分比，设置表格宽度同浏览器宽度的百分比，则表格的宽度将随浏览器窗口宽度而改变。
- Cellpad单元格填充：输入单元格中内容同单元格内部边界之间的距离值。单元格上、下、左、右边距都等同。
- llSpace单元格间距：输入单元格与单元格之间的距离值。
- Align对齐方式：表格在页面中的对齐格式。
- Border边框：用于设置边框的宽度。如果不需要显示边框，则输入0。
- 消除列宽：用来清除表格的列宽。
- 将表格宽度转换为像素：可以将表格宽由百分比转为像素。
- 将表格宽度转换为百分比：可以将表格宽由像素转换为百分比。
- 消除行高：可以清除表格的行高。

案例分解1：插入表格

（1）打开Dreamweaver CC，按〈Ctrl + N〉组合键新建一个HTML文档，命名为table1.html。

（2）选择"插入"菜单中的"表格"命令，在表格对话框中设置新建表格的属性，如图4-9所示。创建一个8行7列，表格宽度为570像素，边框粗细为1，单元格边距、单元格间距都为默认的表格。在"标题"文本框中输入"个人汇款凭证"，在"摘要"文本框中输入"表格制作案例"。

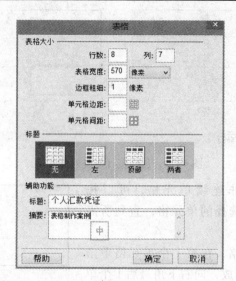

图 4-9 "插入表格"对话框

（3）单击"确定"按钮，插入的表格如图 4-10 所示。

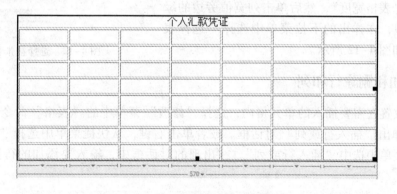

图 4-10 表格插入成功

4.2 编辑表格

4.2.1 选择单元格

（1）在需要选择的单个单元格中单击鼠标，然后按住鼠标左键不放，同时向相邻的单元格方向拖曳，这时单元格出现黑色边框，表示被选中，也可以按〈Ctrl〉键并在单元格上单击鼠标即选中单元格。

（2）如果选择连续的单元格，按住鼠标左键不放，向相邻的单元格拖曳，若需要选中的单元格出现黑色的边框，就表示需要选择的单元格已经全部被选中。

（3）如果选择整行单元格，将鼠标移动到行的最左边，当光标变成一个向右箭头时，单击就可以选中整行单元格。选择整列单元格，将鼠标移动到列的最上边，当光标变成一个向下箭头时，单击就可以选中整列单元格。如图 4-11 所示。

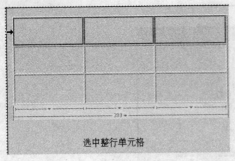
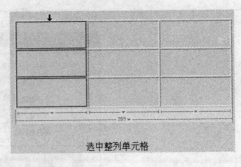

选中整行单元格　　　　　　　　　　　选中整列单元格

图4-11　选择整行或整列单元格

（4）如果选择多个非连续单元格，可以按〈Ctrl〉键，依次单击所要选择的单元格，直到所需要的单元格选中。

（5）如果选择整个表格，在第1个单元格单击鼠标，然后按住鼠标左键不放，向右下角最后1个单元格拖曳，直到所有单元格全部被选中。或选择"查看"菜单中的"可视化助理"命令，在弹出的子菜单中选择"表格宽度"，然后单击列宽值旁边的绿色下三角按钮，在弹出的下拉菜单中选择"选择表格"命令，如图4-12所示。

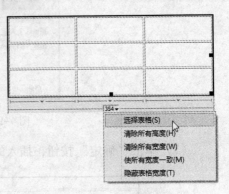

图4-12　选择整张表格

4.2.2　添加和删除行和列

将光标放置在需要插入的单元格内，选择"修改"菜单中的"表格"命令，"插入行或列"命令，弹出"插入行或列"对话框。或者单击右键，从快捷菜单中选择"表格"命令，在弹出的子菜单中选中"插入行或列"。在出现的对话框中，输入要添加的行数和列数。如图4-13所示。

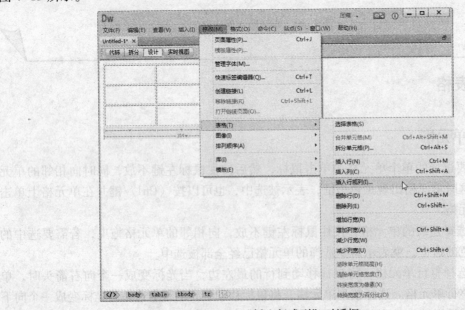

图4-13　"插入行或列"对话框

56

- 插入：可选择要插入行还是列。
- 行数：若选择插入行，则输入或选择需要插入的行数；若选择插入列，则输入或选择需要插入的列数。
- 位置：选择要插入的位置。选择插入行，则选择在当前行之上或在当前行之下插入，然后单击"确定"按钮就可插入一行或多行；选择插入列，则选择在当前列之前或在当前列之后插入，然后单击"确定"按钮就可插入一列或多列。

提示：一种直接插入列的方法是单击列对应的绿色下三角按钮，在弹出的下拉菜单中选择"插入列"命令，如图4-14所示。

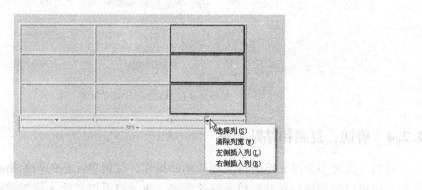

图4-14　直接插入列

对于要添加或删除的行和列，还可以选中行列，如图4-13所示，选择"修改"菜单下的"表格"命令，然后选择"插入行"、"插入列"、"删除行"或"删除列"命令。

提示：一次插入多行和多列，插入的位置可以自由选择。如果在表格最后一行后再添加一行那么只能用"插入行或列"这种方法。

4.2.3　拆分和合并单元格

将表格中两个或多个单元格合并成一个单元格称作"合并"；将一个单元格分割成两个或多个单元格称作"拆分"。对单元格的拆分与合并可以通过属性面板左下角的按钮来实现，如图4-15所示。

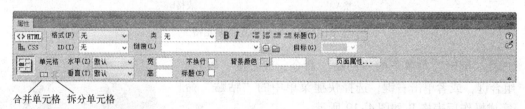

合并单元格　拆分单元格

图4-15　"合并单元格"和"拆分单元格"按钮

1. 拆分单元格

选中要拆分的单元格，单击"属性"面板中的"拆分单元格"按钮，或按〈Ctrl + Alt + S〉组合键，出现如图4-16所示对话框。选择把单元格拆分为行还是列，并输入拆分的行数或列数。

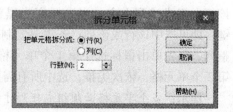

图4-16　拆分单元格（行）

2. 合并单元格

选中要合并的相邻单元格，不相邻的单元格不能合并，并且要保证选中的单元格区域呈现矩形。单击“属性”面板上的“合并单元格”按钮，选中的单元格就被合并，也可以按〈Ctrl + Alt + Shift + M〉组合键实现合并。如果原先单元格中有数据，所有的数据都依次放入到合并后的单元格中。

如图 4-17 所示为单元格拆分和合并后的效果图。

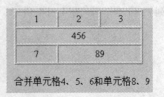

1 2 3
4 5 6
7 8 9
给单元格编号
1 2 3
4 5 6
7 8 9
拆分单元格1
1 2 3
456
7 89
合并单元格4、5、6和单元格8、9

图 4-17　拆分和合并单元格

4.2.4　剪切、复制和粘贴表格

可以一次对多个单元格进行复制或粘贴操作，保留单元格的初始格式，复制并粘贴多个单元格，也可以只是复制和粘贴单元格的内容。单元格可以在插入位置被粘贴，也可以替换单元格中被选中的内容。粘贴多个单元格，剪贴板中的内容必须与表格的格式一致。

如图 4-18 所示，选中表格 A 中第 1 行的两个单元格，选择“编辑”菜单下的“复制”命令，或按〈Ctrl + C〉组合键，可以将选中的表格复制，选择要粘贴单元格的位置，即表格 B 的第 2 行。

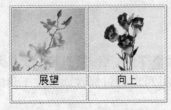

展望
向上
表格A
表格B

图 4-18　剪切和复制单元格

选择“编辑”菜单下的“粘贴”命令，或者按〈Ctrl + V〉组合键，或者单击右键，选择快捷菜单中的“粘贴”命令。完成操作后表格 B 如图 4-19 所示。

图 4-19　完成复制之后的表格 B

如果需要复制的单元格为整行或整列，则可将鼠标放在该行左侧或该列上方，当光标变为黑色箭头状时，单击左键，即可选中该行或该列；若需要复制的单元格不是整行或整列，则先单击鼠标选中第 1 个单元格，按〈Ctrl〉键选中第 2 个单元格，依次类推，选中所有需要复制的单元格。

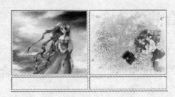

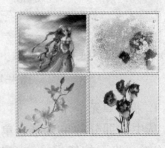

提示：多个单元格必须组成矩形才能被复制。

在复制、粘贴单元格的操作中，通常有以下 3 种情况。

（1）如果将整行或整列粘贴到现有的表格中，所粘贴的行或列被添加到该表格中。

如果粘贴某些或某个单元格，只要剪贴板中的内容与选定单元格格式兼容，选定单元格的内容将被替换。如图4-20所示，将左边表格中的第1列第1行和第2行的内容复制到右边表格中的第1列。

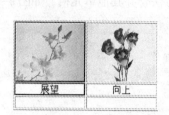

图4-20　粘贴单元格

（2）如果在表格外粘贴，则会自动生成一个新的表格，其中行或列的内容保持不变，如图4-21所示。

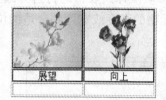

图4-21　在表格之外粘贴单元格

（3）粘贴时，如图4-22所示，如果剪贴板中的内容与选定单元格的格式不一致，则会弹出如图4-23所示警告信息，提示不能完成粘贴操作。

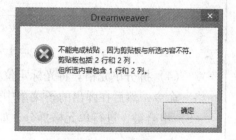

图4-22　选中的单元格格式不一致　　　　　图4-23　警告信息

4.2.5　表格的嵌套

表格嵌套是在一个表格的其中一个单元格中再插入一个表格。选择要插入表格的单元格，选择"插入"菜单下的"表格"命令，即可打开表格对话框，设置要嵌套的表格参数。嵌套后的表格如图4-24所示。

注意：如果选中了整行或整列，执行上述操作，则会将整行删除。

图4-24　嵌套表格

案例分解 2：编辑表格

（1）打开 table1. html 文档，如图 4-10 所示。

（2）合并单元格。在表格的第 1 个单元格上按下鼠标，向下选取 6 个单元格，选择"修改"菜单中的"表格"命令，然后在弹出的子菜单中选择"合并单元格"命令，或者直接按〈Ctrl + Alt + M〉组合键，按照此方法合并其他单元格，如图 4-25 所示。

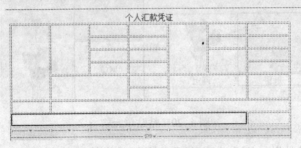

图 4-25　合并后的表格

（3）调整单元格行高度和列的宽度。移动鼠标到表格的行边界或列边界，当光标变成 ÷ 或 ┿ 形状后，单击鼠标左键拖曳单元格的高度或宽度到合适的位置，放开鼠标。调整后的表格如图 4-26 所示。

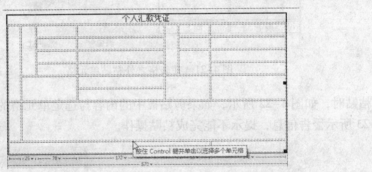

图 4-26　调整单元格后的表格

（4）拆分单元格。将光标定位到要拆分的单元格上，选择"修改"菜单下的"表格"命令，然后在弹出的子菜单中选择"拆分单元格"命令，或者直接按〈Ctrl + Alt + S〉组合键，进行单元格拆分，如图 4-27 所示。

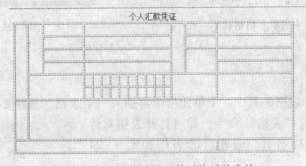

图 4-27　拆分并调整单元格后的表格

（5）在表格中添加相应的文字，并切换到"实时视图"，即得到如图 4-1 所示表格。

4.3 案例2：用表格制作网站主页

【案例目的】利用表格制作一个网站主页，效果如图4-28。

图4-28　某网站主页

【核心知识】表格的修饰。

4.3.1 制作细线表格

（1）选择"插入"菜单中的"表格"命令，设置表格参数2行2列，80%宽度，边框粗细为0，单元格间距为1，摘要为"读书协会主页"。

（2）选中此表格，在"属性"面板中将单元格背景颜色设为"浅灰色"，如图4-29所示。

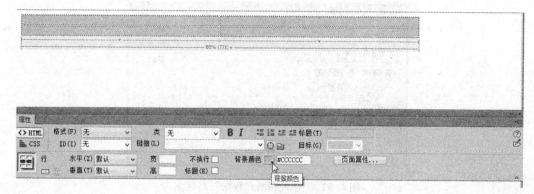

图.4-29　设置表格颜色

（3）选择表格，在表格属性中设置表格为"居中对齐"，如图4-30所示，则表格在浏览器中水平居中。

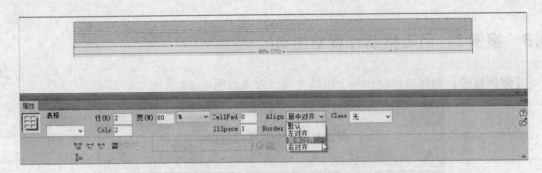

图 4-30   表格设置为水平居中

4.3.2   导入表格数据

在 Dreamweaver 中可以从外部导入 Excel 表格数据，也可以导入其他表格式数据，根据素材来源的结构，为网页自动建立相应的表格，并自动生成表格数据。

（1）在记事本中创建一个表格式数据，命名为"图书登记"，如图 4-31 所示。

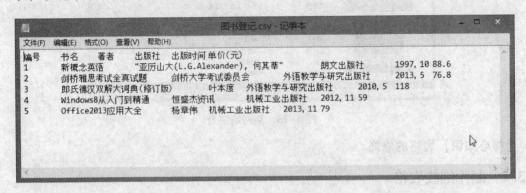

图 4-31   表格式数据

（2）选择"文件"菜单中的"导入"命令，然后在其子菜单中选择"表格式数据"命令，弹出"导入表格式数据"对话框，如图 4-32 所示。

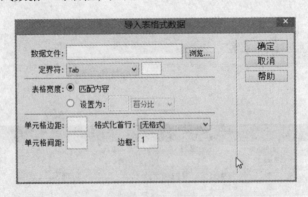

图 4-32   "导入表格式数据"对话框

（3）单击"浏览"按钮，选择要打开的"图书登记"文件，然后单击"确定"按钮，在 Dreamweaver 中就会出现如图 4-33 所示的表格。

编号	书名	著者	出版社	出版时间	单价（元）
1	新概念英语	亚历山大(L.G.Alexander), 何其莘	朗文出版社	1997, 10	88.6
2	剑桥雅思考试全真试题	剑桥大学考试委员会	外语教学与研究出版社	2013, 5	76.8
3	郎氏德汉双解大词典（修订版）	叶本度	外语教学与研究出版社	2010, 5	118
4	Windows8从入门到精通	恒盛杰资讯	机械工业出版社	2012, 11	59
5	Office2013应用大全	杨章伟	机械工业出版社	2013, 11	79

图 4-33　导入成功的表格

4.3.3　表格排序

当需要调整表格内容的顺序时，可以使用"排序表格"功能，快速对表格内容进行排序。

（1）打开"命令"菜单，选择"排序表格"命令，弹出如图 4-34 所示对话框。在此调整参数，按照第 6 列单价进行降序排序。

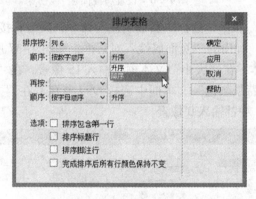

图 4-34　"排序表格"对话框

- "排序按"：确定哪一个列的值将用于对表格进行排序。
- "顺序"：确定是按字母还是按数字顺序及升序还是降序进行。
- "再按"：确定在不同列上第二种排列方法的排列顺序。
- "排序包含第一行"：指定表格的第一行应该包括在排序中。
- "排序标题行"：指定使用与 body 行相同的条件对表格的标题行进行排序。
- "排序脚注行"：指定使用与 body 行相同的条件对表格的脚注部分进行排序。
- "完成排序后所有行颜色保持不变"：指定排序后的表格属性应该与同一内容保持关联。

提示：如果表格中含有合并或拆分的单元格，则表格无法使用表格排序功能。

（2）单击"确定"按钮，排序后表格如图 4-35 所示。

编号	书名	著者	出版社	出版时间	单价（元）
3	郎氏德汉双解大词典（修订版）	叶本度	外语教学与研究出版社	2010. 5	118
1	新概念英语	亚历山大(L.G.Alexander), 何其莘	朗文出版社	1997. 10	88.6
5	Office2013应用大全	杨章伟	机械工业出版社	2013. 11	79
2	剑桥雅思考试全真试题	剑桥大学考试委员会	外语教学与研究出版社	2013. 5	76.8
4	Windows8从入门到精通	恒盛杰资讯	机械工业出版社	2012. 11	59

图 4-35　排序后表格

案例分解 3：编辑表格

（1）打开 Dreamweaver CC，按〈Ctrl + N〉键新建一个 HTML 文档。

（2）打开"插入"菜单，选择"表格"命令，在表格对话框中设置其属性，创建一个 6 行 1 列，表格宽度为 760 像素，"边框粗细"、"单元格边距"、"单元格间距"都为 0 的表格。

（3）单击"确定"按钮，选中整个表格，打开"属性"面板，在其中将单元格的"水平"和"垂直"设置为居中对齐，"背景颜色"为白色，如图 4-36 所示。

图 4-36　设置属性面板

（4）单击"修改"菜单，选择"页面属性"命令，或者直接单击"属性"面板上的"页面属性"按钮，弹出的"页面属性"对话框，如图 4-37 所示。在"页面字体"文本框中选择默认字体，在"大小"文本框中输入 15 像素，在"文本颜色"文本框中选择#000 黑色，在"背景颜色"文本框中选择#999 灰色，在"左边距"、"右边距"、"上边距"、"下边距"中都输入 0 像素。

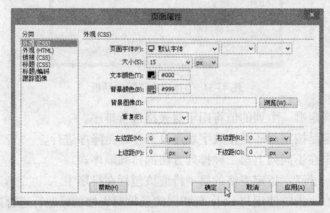

图 4-37　"页面属性"对话框

（5）单击"确定"按钮，表格紧贴在文档上方，效果如图 4-38 所示。

图 4-38　设置"页面属性"后的表格

（6）将光标移动到第1行单元格，打开"插入"菜单，选择"图像"命令，然后选择子菜单中的"图像"命令，在弹出的"选择图像源文件"对话框中插入"SkyTop. gif"图片文件，单击"确定"按钮，文档中出现该图片，如图4-39所示。

图4-39　插入图片

（7）将光标移动到表格的第2行单元格中，在"属性"面板中设置单元格的"高"为20像素，背景为#3366FF；字体"大小"为16px，"颜色"为白色，"对齐方式"为居中对齐，如图4-40所示。

图4-40　设置第2行单元格属性

在第2行中输入网页导航条内容：首页、图书简介、相关资源、阅读论坛，效果如图4-41所示。

图4-41　输入导航条内容

（8）将光标移动到表格的第 3 行单元格中，插入一个 1 行 4 列，"表格宽度"为 760 像素，"边框粗细"、"单元格边距"、"单元格间距"都为 0 的表格。并在"属性"面板中设置单元格的"对齐方式"为居中对齐，"高"为 150 像素，如图 4-42 所示。

图 4-42　插入新表格

（9）将光标定位在新表格的第 1 个单元格中，插入图像文件。同样在其他 4 个单元格中分别插入需要的图像，最后效果如图 4-43 所示。

图 4-43　完成插入新图像

（10）将光标移动到表格的第 4 行单元格中，在"属性"面板中设置单元格的"高"为 20 像素，背景为#3366FF，"字体颜色"为白色，"对齐方式"为居中对齐，输入"新书快递"四个字，效果如图 4-44 所示。

图 4-44　完成第 4 行单元格

（11）将光标移动到表格的第 5 行单元格中，插入一个 1 行 2 列的表格，"表格宽度"为 760 像素，"边框粗细"、"单元格边距"、"单元格间距"都为 0。并在"属性"面板中设置单元格"高"为 240 像素，"对齐方式"为居中对齐，调整两个单元格的宽度，在第 1 个单元格中插入图像，效果如图 4-45 所示。

图 4-45　插入图像

（12）将光标定位在第 2 个单元格中，插入一个 9 行 2 列，"表格宽度"为 400 像素，"边框粗细"、"单元格边距"、"单元格间距"都为 0 的表格。并在"属性"面板中设置单元格的"高"为 25 像素，"水平"为左对齐，"垂直"为居中，"背景颜色"为默认，"字体颜色"为黑色。然后调整宽度，效果如图 4-46 所示。

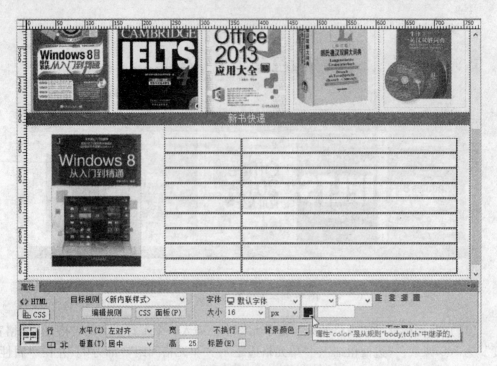

图 4-46　合并单元格并调整宽度

在单元格中分别输入相应的文字信息，如图 4-47 所示。

图 4-47　输入图书信息

（13）将光标移动到表格的第 6 行单元格中，在"属性"面板中设置单元格的"高"为 20 像素，背景为#3366FF，"字体颜色"为白色，"对齐方式"为居中对齐。输入：关于我们、设为首页、收藏本站和联系我们，并做相应的链接。保存文档，预览效果如图 4-28 所示。

4.4　上机实训

项目一：利用表格制作一个主页面

（一）内容要求：

（1）综合使用表格的属性练习制作百度搜索引擎的主页面；

（2）采取表格布局，使用多个表格进行组合与嵌套。

（二）技术要求：

（1）插入一个 5 行 1 列的表格，宽度设为 100%，将表格调整成如图 4-48 所示。

图 4-48　调整表格

（2）在第 1 行单元格中居中插入 Logo 图像；在第 2 行单元格中，插入文字，利用"属性"面板设置文字，如图 4-49 所示。

图 4-49　插入 Logo 图像和文字

（3）拆分第 3 行单元格为 2 列，并调整其宽度。见图 4-50 所示。

（4）在第 1 个单元格中插入一个 1×1 的表格，高度设为 34 像素，在第 2 个单元格中插入"百度一下"按钮，如图 4-51 所示。

图 4-50　拆分单元格

图 4-51　分别插入内容

　　（5）在第 4 行、第 5 行单元格中，分别插入文字，利用"属性"面板设置文字，如图 4-52 所示。

图 4-52　分别插入文字

项目二：利用表格制作修饰一个文本页面

（一）内容要求

（1）使用表格制作一个文本页面"shicixinshang. html"，在其中插入文本和图片；

（2）为文本设置格式，效果如图 4-53 所示。

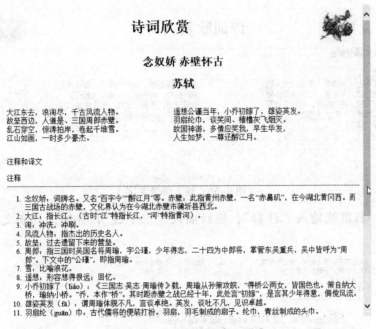

图 4-53　分别插入文本和图片

（二）技术要求

（1）运行 Dreamweaver CC，新建一个 HTML 文档，命名为 "shicixinshang. html"。插入一个 1 行 2 列的表格，表格宽度设为 780px，在第 1 列输入 "诗词欣赏"，格式为 "标题 1"、"居中对齐"；第 2 列单元格设为 100px 宽，插入 80px×75px 的图片，格式为 "居中对齐"，如图 4-54 所示。

图 4-54　制作标题行

（2）插入一个 5 行 1 列的表格，表格宽度设为 780px，并将第 2 行拆分为 2 列，如图 4-55 所示。

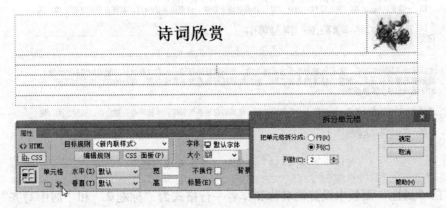

图 4-55　继续插入表格

(3) 输入3行文本，如图4-56所示。

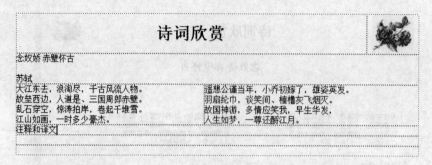

图4-56 输入部分文字

(4) 在下一行继续输入"注释"，然后插入"水平线"，并输入列表文字，如图4-57所示。

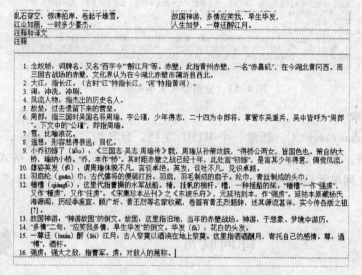

图4-57 分别插入文字和水平线

(5) 在最后一行输入"译文"，同样插入"水平线"，并输入文字，如图4-58所示。

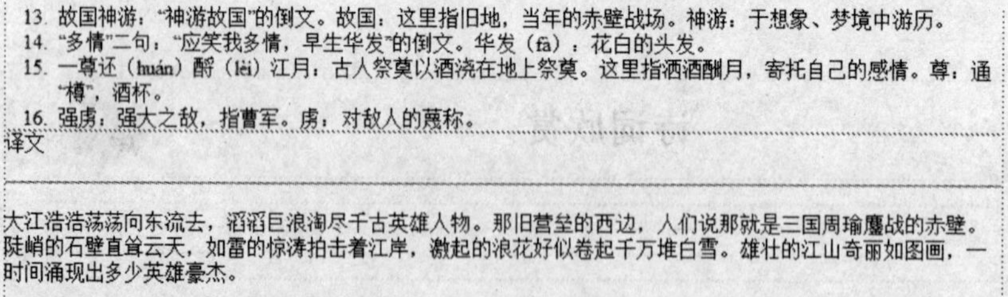

图4-58 分别插入文字和水平线

(6) 在"属性"面板中设置词名称和作者一行格式为"标题2"和"居中对齐"；词内容行格式为"段落"，如图4-59所示。

72

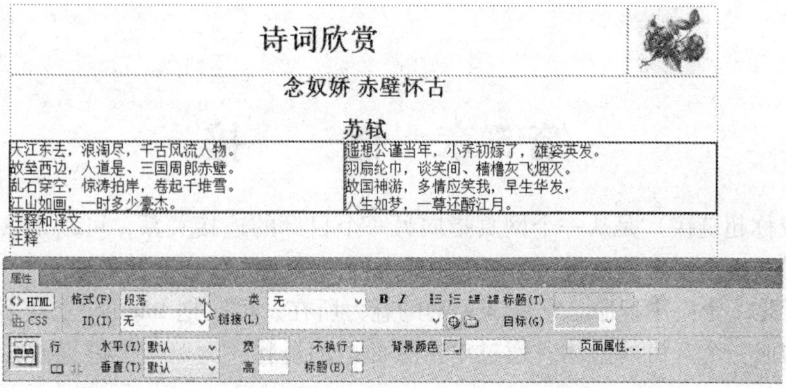

图 4-59　设置"词名称和作者"文字格式

（7）"注释和译文"行的格式也设为"段落"，其他为默认状态。在"属性"面板中将两个表格设置为"居中对齐"，切换到"实时视图"或者按〈F12〉键预览，效果如图4-53所示。

4.5　习题

一、填空

1. 对表格格式进行设置的前提条件为_____。

2. 表格高度若采用百分比单位，则这百分比是指：_____。单元格高度若采用百分比单位，则这百分比是指：_____。

3. 若用组合键实现合并单元格，则可以用_____组合键。

4. 当需要把其他应用程序（如 Excel 等）建立的表格数据导入到网页中时，可以利用Dreamweaver 中的_____命令来实现。

二、问答题

1. 表格的宽度和高度的两种设置方式（绝对和相对）及其各自的优缺点。

2. 合并单元格都有哪几种方法。

三、上机操作题

新建一个文档，然后在该文档创建一个 5×6 的表格，如图4-60所示。将内容相同的相邻单元格合并，并将第1行及第1列设置为标题单元格。完成后将该表格的数据保存在一个文本文件中，再新建一个文档，将前面保存的表格数据导入到该文档中。

	周一	周二	周三	周四	周五
1、2节	数学	语文	英语	化学	物理
3、4节	语文	英语	英语	英语	英语
5、6节	英语	政治	数学	物理	化学
7、8节	政治	数学	语文	数学	化学

图 4-60　实例表格

第5章 链 接

链接（或称超链接）是从一个网页指向另一个目标的连接关系，可以是从一个网页中跳转到另一个网页，也可以是在同一个网页中的不同位置，可以是一个文件，一个邮箱地址，一张图片，或者是一个应用程序。它是 WWW 的魅力所在，可以把 Internet 上众多的网站和网页联系起来，构成一个有机的整体。通过单击页面上的链接，浏览者能够遨游在浩瀚的信息海洋中。

5.1 案例：创建页面链接

【案例目的】为文字和图片创建链接，效果如图 5-1 所示。

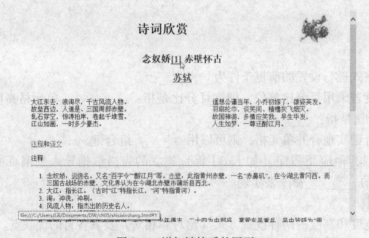

图 5-1 增加链接后的网页

【核心知识】使用不同方法为文字和图片创建链接。

5.1.1 关于链接

Dreamweaver CC 中提供了多种创建链接的方法，可创建到文档、图像、多媒体文件或可下载软件的链接。可以建立到文档内任意位置的任何文本或图像的链接，包括标题、列表、表、绝对定位的元素（Div 元素）等。

Web 设计者可以在工作时创建一些指向尚未建立的页面或文件的链接；也可以首先创建所有的文件和页面，然后再添加相应的链接；还可以创建占位符页面，在完成所有站点页面之前在这些页面中添加和测试链接。

在一个文档中可以创建以下几种类型的链接：

（1）链接到其他文档或文件（如图形、影片、PDF 或声音文件）的链接。

（2）命名锚记链接。此类链接跳转至文档内的特定位置。

（3）电子邮件链接。此类链接新建一个已填好收件人地址的空白电子邮件。

（4）空链接和脚本链接。此类链接用于在对象上附加行为，或者创建执行 JavaScript 代码的链接。

5.1.2 绝对路径和相对路径

创建链接之前，一定要清楚绝对路径、文档相对路径以及站点根目录相对路径的工作方式。使用 Dreamweaver，可以方便地选择要为链接创建的文档路径的类型。

每个网页都有一个唯一地址，称作统一资源定位器（URL）。但在创建本地链接（即从一个文档到同一站点上另一个文档的链接）时，通常不指定作为链接目标的文档的完整 URL，而是指定一个始于当前文档或站点根文件夹的相对路径。

（1）绝对路径

绝对路径是主页上的文件或目录在硬盘上真正的路径。比如，图片 map. gif 存放在硬盘"c：\Users\Lili\DW\ch03"目录下，那么该图片的绝对路径就是"C：\Users\Lili\DW\ch03\map. gif"。

在网络中，以 http 开头的链接都是绝对路径，它提供所链接文档的完整 URL。

在网页编程时，不建议使用绝对路径，如果使用绝对路径指定图片的位置，在自己的计算机上浏览可能会一切正常，但是上传到 Web 服务器上浏览时，图片很有可能不会显示。因为上传到 Web 服务器上时，所有本地绝对路径链接都将断开。

（2）文档相对路径

对于大多数 Web 站点的本地链接来说，都会选择使用相对路径。

相对路径就是相对于自己的目标文件位置。文档相对路径可以省略掉当前文档和所链接的文档相同的绝对路径部分，而只提供不同的路径部分。

例1："s1. html"文件所在目录也是"C：\Users\Lili\DW\ch03"，在"s1. html"文件里引用"map. gif"图片，由于"map. gif"图片相对于"s1. html"来说，在同一个目录下，可以直接使用 < img src = "map. gif" > 语句，只要这两个文件的相对位置没有变（也就是说还是在同一个目录内），那么无论上传到 Web 服务器的哪个位置，在浏览器里都能正确地显示图片。

例2：如果"s1. html"文件所在目录为"C：\Users\Lili\DW\ch03"，而"map. gif"图片所在目录为"c：\Users\Lili\DW\ch03\img"，那么"map. gif"图片相对于"s1. html"文件来说，是在其所在目录的"img"子目录里，则引用图片的语句为：< img src = "img/map. gif" > 。

相对路径使用"/"字符作为目录的分隔字符，而绝对路径可以使用"\"或"/"字符作为目录的分隔字符。由于"img"目录是"ch03"目录下的子目录，因此在"img"前不用再加上"/"字符。

在相对路径里常使用"../"来表示上一级目录。如果有多个上一级目录，可以使用多个".../"。

例3：如果"s1. html"文件所在目录为"C：\Users\Lili\DW\ch03"，而"map. gif"图片所在目录为"C：\Users\Lili\DW"，那么"map. gif"图片相对于"s1. html"文件来说，是在其所在目录的上级目录里，则引用图片的语句为：< img src = "../map. gif " > 。

例4：如果"s1. html"文件所在目录为"C：\Users\Lili\DW\ch03"，而"map. gif"图片所在目录为"C：\Users\Lili\DW\img"，那么"map. gif"图片相对于"s1. html"文件来说，是在其所在目录的上级目录里的"img"子目录里，则引用图片的语句为：< img src = "../img/map. gif " > 。

（3）站点根目录相对路径

描述从站点的根文件夹到文档的路径称为站点根目录相对路径。站点根目录相对路径以一个正斜杠开始，该正斜杠表示站点根文件夹。例如，/support/tips. html 是文件（tips. html）的站点根目录相对路径，该文件位于站点根文件夹的 support 子文件夹中。

一般应始终先保存新文件，然后再创建文档相对路径，因为如果没有一个确切起点，文档相对路径无效。如果在保存文件之前创建文档相对路径，Dreamweaver 将临时使用以 file：//开头的绝对路径，直至该文件被保存；当保存该文件时，Dreamweaver 将 file：//路径转换为相对路径。

5.1.3 链接到外部文档文件

"属性检查器"和"指向文件"图标可用来创建从图像、对象或文本到其他文档或文件的链接。

1. 直接创建链接

（1）选择需要创建链接的文本或图像，单击右键，弹出如图 5-2 所示快捷菜单。

（2）选择"创建链接"，弹出"选择文件"对话框，选择要链接的文件即可，如图 5-3 所示。

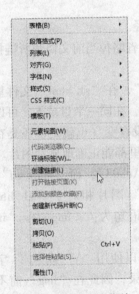

图 5-2　利用快捷菜单创建链接

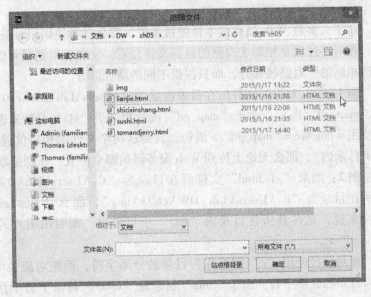

图 5-3　在"选择文件"对话框选择链接对象

2. 使用属性检查器创建链接

（1）选择需要创建链接的文本或图像，打开属性面板，如图 5-4 所示，在"链接"处输入要链接到的文件名称。

图 5-4　在属性面板中输入链接文件

或者单击右侧的"浏览文件"图标 ，打开如图 5-3 所示"选择文件"对话框，选择要链接的文件。

（2）从"目标"弹出菜单中选择链接文档的打开位置，如图 5-5 所示。

图 5-5　选择链接目标的打开位置

_blank 将链接的文档在一个新的、未命名的浏览器窗口中打开。

new 的作用同 _blank。

_parent 将链接的文档加载到该链接所在框架的父框架或父窗口。如果包含链接的框架不是嵌套框架，则所链接的文档加载到整个浏览器窗口。

_self 将链接的文档在链接所在的同一框架或窗口中打开。此目标是默认的，通常不需要指定。

_top 将链接的文档载入整个浏览器窗口，从而删除所有框架。

3. 使用指向文件图标创建链接

方法 1：在文档窗口选择文档或图像，在如图 5-4 所示属性面板中单击链接域右边的"指向文件"图标 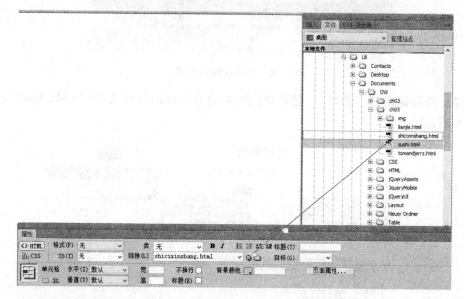，按住鼠标左键并拖动它连向"文件面板"中的链接文档，如图 5-6 所示。释放鼠标左键，链接被创建，在属性面板的链接地址框中出现已链接的地址。

图 5-6　使用指向文件图标链接文档

方法 2：在文档窗口选择文档或图像，按住〈Shift〉键，在选定的文本上拖动鼠标指针，拖动时指向文件图标出现，如图 5-7 所示，指定链接目标，然后释放鼠标，链接被创建，在属性面板的链接地址框中出现已链接的地址。

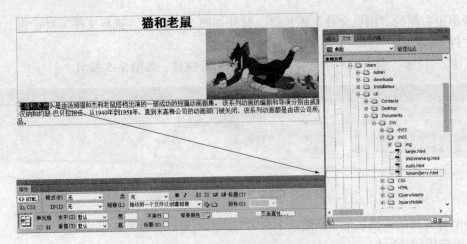

图 5-7　拖动鼠标创建链接

案例分解1：为文字和图像建立外部链接

（1）打开在第 4 章上机实训中制作的 shicixinshang. html，选择图片，在属性面板的链接区添加链接文件"shuhua. html"，如图 5-8 所示。

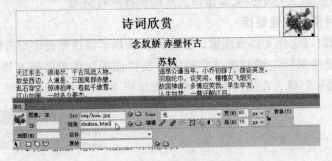

图 5-8　为图片添加链接

（2）选择词作者"苏轼"，使用指向图标的方法添加链接文件"sushi. html"，如图 5-9 所示。

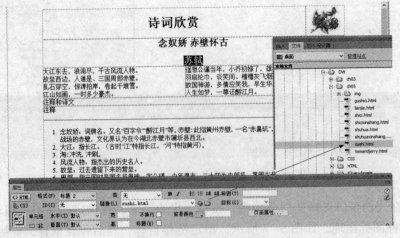

图 5-9　使用指向图标添加链接

（3）选择"词牌"，单击鼠标右键，在其快捷菜单中选择"创建链接"，在弹出的"选择文件"对话框中选择链接文件，如图 5-10 所示。

图 5-10　使用快捷键添加链接

（4）按〈Shift〉键，选择"赤壁"，拖动鼠标指针，指向文件面板中的 chibi. html 文件创建链接，如图 5-11 所示。

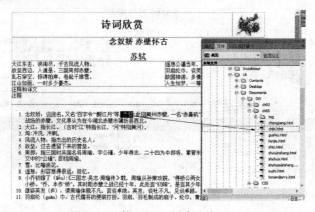

图 5-11　使用 shift 创建链接

（5）单击"保存"按钮，切换到"实时视图"，如图 5-12 所示，按〈F12〉键预览检查是否链接成功。

图 5-12　在实时视图窗口中查看效果

5.1.4 在页面内链接

在 Dreamweaver 的旧版本中，有插入"命名锚记"命令，进行锚点链接（也叫书签链接）以用于内容庞大烦琐的网页，通过点击命名锚点，使访问者能够快速浏览到选定的位置，加快信息检索的速度。

在 Dreamweaver CC 版本中"命名锚记"被删除，需要通过定义 ID 来进行页面内链接，即锚点链接。

首先在文档窗口中，将光标置于需要创建的锚点的位置。打开属性面板，在其 ID 区域输入 ID 名。然后选择要建立链接的文本或图像，在链接地址栏录入"#锚点名"。

案例分解 2：建立内部链接

打开 shicixinshang.html 文件，继续在文本中建立内部链接。

（1）将光标放置在"注释"段落的起始处，打开属性面板，如图 5-13 所示，为 ID 命名"zhushi"。

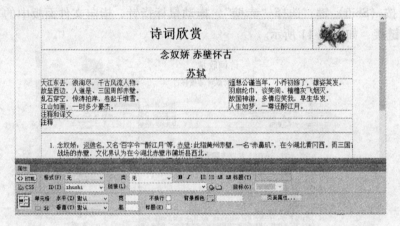

图 5-13　为页面内链接设置 ID

（2）选择"注释和译文"文本中的"注释"，在属性面板中的链接处输入"#zhushi"，如图 5-14 所示。

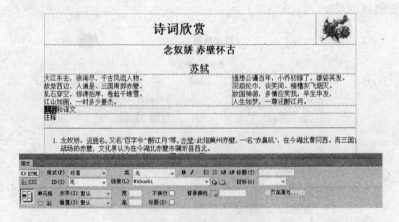

图 5-14　设置页面内链接

（3）用同样方法，在译文段落的起始处，为 ID 命名为"yiwen"，选择"注释和译文"文本中的"译文"，在属性面板中的链接处输入"#yiwen"。

（4）保存文本，按〈F12〉键预览如图 5-15 所示。

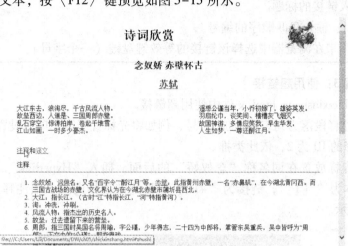

图 5-15　预览页面

（5）单击"注释"，页面跳转至注释段落的起始点，如图 5-16 所示。

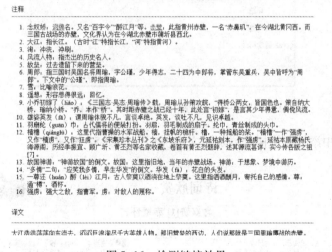

图 5-16　检测链接效果

5.1.5　文本链接

使用"超链接"命令可以创建到图像、对象或其他文档或文件的文本链接。

在文档窗口选择文档或图像，打开"插入"菜单，选择"Hyperlink"命令，或者在插入面板的"常用"类别中，单击"Hyperlink"，弹出如图 5-17 所示超链接对话框。

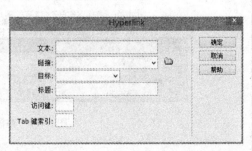

图 5-17　Hyperlink 对话框

- 文本：即为要进行链接的文本，可以选定已有文本，也可以在此输入文本。

- 链接：输入要链接到的文件名称，或单击文件夹图标以浏览方式选择要链接文件。
- 目标：在"目标"弹出菜单中选择链接文档的打开位置。
- 标题：输入链接的标题。
- Tab 键索引：输入 Tab 顺序的编号。
- 访问键：用来在浏览器中选择该链接的等效键盘键（一个字母）。

案例分解3：使用超链接

接着在 shicixinshang. html 文件中使用超链接。

（1）在注释段落为列表项增加 ID 号，例如将光标置于第 1 项，设置其 ID 为 1；设置第 2 项注释的 ID 为 2，依此类推。

（2）将光标放置在词名称"念奴娇"的后面，插入"Hyperlink"，在弹出的对话框中设置文本为"［1］"，链接为"#1"，即将此链接指向第 1 项注释。其他为默认，如图 5-18 所示。

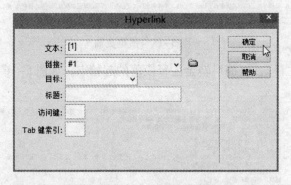

图 5-18　设置"Hyperlink"对话框

（3）页面中添加超链接处增加了文本［1］，如图 5-19 所示。

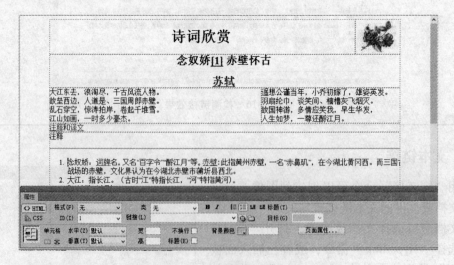

图 5-19　在添加超链接处增加文本

（4）保存文本，按〈F12〉键预览如图 5-1 所示，单击"［1］"，页面跳转至注释段落的第 1 项，如图 5-20 所示。

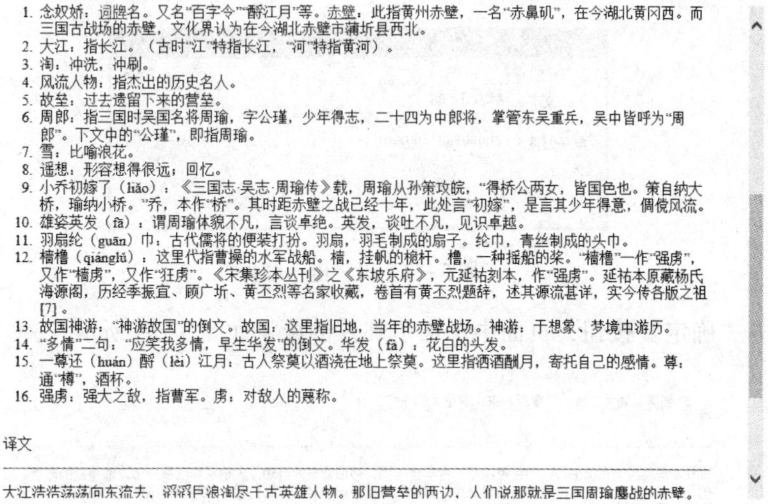

1. 念奴娇：词牌名。又名"百字令""酹江月"等。赤壁：此指黄州赤壁，一名"赤鼻矶"，在今湖北黄冈西。而三国古战场的赤壁，文化界认为在今湖北赤壁市蒲圻县西北。
2. 大江：指长江。（古时"江"特指长江，"河"特指黄河）。
3. 淘：冲洗，冲刷。
4. 风流人物：指杰出的历史名人。
5. 故垒：过去遗留下来的营垒。
6. 周郎：指三国时吴国名将周瑜，字公瑾，少年得志，二十四为中郎将，掌管东吴重兵，吴中皆呼为"周郎"。下文中的"公瑾"，即指周瑜。
7. 雪：比喻浪花。
8. 遥想，形容想得很远，回忆。
9. 小乔初嫁了（liǎo）：《三国志·吴志·周瑜传》载，周瑜从孙策攻皖，"得桥公两女，皆国色也。策自纳大桥，瑜纳小桥。"乔，本作"桥"。其时距赤壁之战已经十年，此处言"初嫁"，是言其少年得意，倜傥风流。
10. 雄姿英发（fā）：谓周瑜体貌不凡，言谈卓绝。英发，谈吐不凡，见识卓越。
11. 羽扇纶（guān）巾：古代儒者的便装打扮。羽扇，羽毛制成的扇子。纶巾，青丝制成的头巾。
12. 樯橹（qiánglǔ）：这里代指曹操的水军战船。樯，挂帆的桅杆。橹，一种摇船的桨。"樯橹"一作"强虏"，又作"樯虏"，又作"狂虏"。《宋集珍本丛刊》之《东坡乐府》，元延祐刻本，作"强虏"。延祐本原藏杨氏海源阁，历经季振宜、顾广圻、黄丕烈等名家收藏，卷首有黄丕烈题辞，述其源流甚详，实今传各版之祖[7]。
13. 故国神游："神游故国"的倒文。故国：这里指旧地，当年的赤壁战场。神游：于想象、梦境中游历。
14. "多情"二句："应笑我多情，早生华发"的倒文。华发（fà）：花白的头发。
15. 一尊还（huán）酹（lèi）江月：古人祭奠以酒浇在地上祭奠。这里指洒酒酬月，寄托自己的感情。尊，通"樽"，酒杯。
16. 强虏：强大之敌，指曹军。虏：对敌人的蔑称。

译文

大江浩浩荡荡荡向东流去，淘淘尽浪淘尽千古英雄人物。那旧营垒的西边，人们说那就是三国周瑜鏖战的赤壁。

图 5-20　Hyperlink 使用效果

以同样方法为其他需要注释的文本添加链接到各个注释项。

5.1.6　创建 E‑mail 链接

在网页上创建电子邮件链接，可以方便用户意见反馈。当浏览者单击"电子邮件链接"时，该链接使用与用户浏览器相关联的邮件程序，打开一个新的空白信息窗口，在电子邮件消息窗口中，"收件人"框自动更新为电子邮件链接中指定的地址。有三种方法。

方法一：打开"插入"菜单，选择"电子邮件链接"命令，或者在插入面板中选择"常用"类别中的"电子邮件链接"命令，可以创建如图 5-21 所示电子邮件链接对话框。

图 5-21　电子邮件链接对话框

● 文本：输入要显示在页面中的内容。

● 电子邮件：输入收件人的 E‑mail 邮箱地址。

方法二：选中所要链接的文本或图像，在属性面板的"链接"栏中输入"mailto：邮箱地址"。

方法三：选中所要链接的文本或图像，在属性面板的"链接"栏中输入"mailto：邮箱地址"，然后添加"？subject = 一个主题"。在问号和电子邮件地址结尾之间不能键入任何空格。例如"mailto:123@456.com？subject = Mail from Our Site"。此方法可以用来自动为电子邮件添加主题行。

例5：在 shicixinshang. html 文件的最下方添加邮件联系方式。

（1）在属性面板中利用拆分单元格的方法为表格增加一行，格式设定为"段落"，在其中打开"插入"菜单，选择"电子邮件链接"命令，然后输入文本和电子邮件，如图5-22所示。

图 5-22　设置电子邮件

（2）单击"确定"按钮，页面中添加了邮件链接，如图5-23所示。

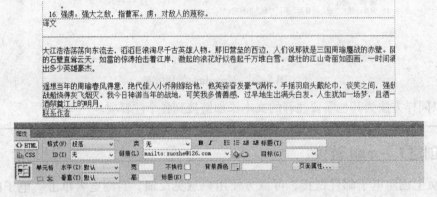

图 5-23　添加邮件链接

（3）按〈F12〉键进行预览，如图5-24所示。单击"联系作者"，将自动转到 outlook 邮箱，进行邮件书写。

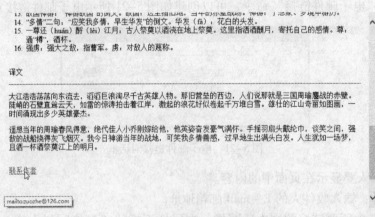

图 5-24　预览效果

5.2　检查管理链接

在设计整个网站或一个大型网站时，由于链接较多，有时可能会出现链接中断或链接错误的情况，在对整个站点进行复制、粘贴等操作时，由于改变了原来的 URL 路径设置，经常会发生这种错误。若想避免这种错误就必须进行链接的检查。

（1）选择"站点"下拉菜单中的"检查站点范围内的链接"命令，如图 5-25 所示。

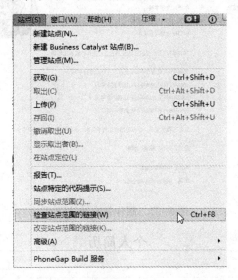

图 5-25　检查站点范围内的链接

（2）单击后系统要经过一段时间自动完成站点中链接的检测，并将检查结果显示出来，如图 5-26 所示。根据对话框中出现的错误提示，对网页进行修改。

图 5-26　检查结果显示

5.3　上机实训

项目一：链接的使用

（一）内容要求

制作如图 5-27 所示带有文本和邮件链接的网页。

（二）技术要求

（1）插入 7 行 2 列宽为 780px 的表格，居中对齐，第 1 行合并单元格，输入"个人简历"，设置为格式 1，居中对齐，如图 5-28 所示。

（2）将第 1 列宽度设置为 200px，第 2 行第 2 列拆分为 2 列，右边一列设为宽度 190px，分别输入文字和插入图片，格式设为段落，如图 5-29 所示。

（3）输入所有文本，格式设为段落。

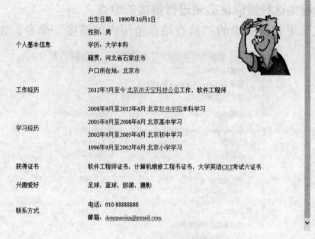

图 5-27　制作带有链接网页

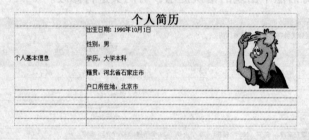

图 5-28　在表格中制作网页

图 5-29　插入文字和图片

（4）选择"北京市天空科技公司"，单击右键，在弹出的菜单中选择"创建链接"命令，在弹出的"选择文件"对话框中选择"链接文件"，为文本添加链接；选择不同方法为其他文本和图像建立链接，如图 5-30 所示。

图 5-30　用不同方法为文字添加链接

（5）选择"邮箱"，在属性面板的链接栏中输入"mailto：邮箱地址"，如图 5-31 所示。

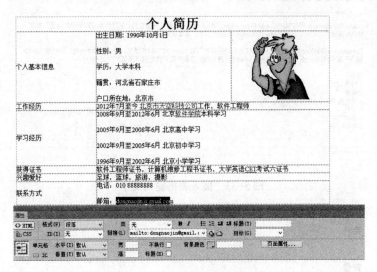

图 5-31　添加电子邮件链接

（6）保存文件，按〈F12〉键预览，效果如图 5-27 所示。

项目二：页面内链接使用

（一）内容要求

制作一个页面内链接，如图 5-32 所示，单击目录中链接文字时，页面跳转至此目录所指的内容。

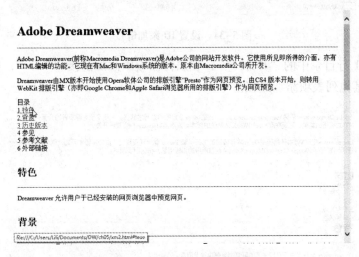

图 5-32　制作带有书签链接网页

（二）技术要求

（1）打开 Dreamweaver CC，新建一个 HTML 网页，插入一个 4 行 1 列，宽为 800px 的表格，并设置其为居中对齐。在第 1 行中输入"Adobe Dreamweaver"设置为标题 1，然后插入水平线，并继续输入文本，如图 5-33 所示。

（2）继续输入文本，插入水平线，并在属性面板中设置"特色"格式为标题 2，ID 为"tese"，如图 5-34 所示。同样为"背景"和"历史版本"等设置格式和 ID。

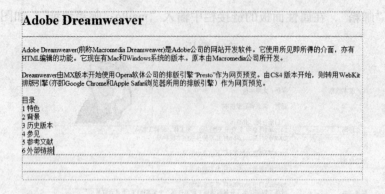

图 5-33　插入表格输入文本

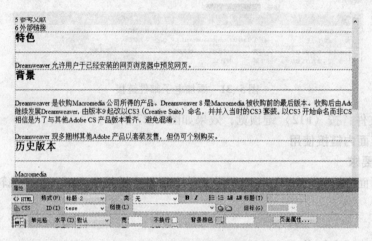

图 5-34　设置 ID 添加链接

（3）选中第 1 行目录中的"1. 特色"，在属性面板中添加链接"#tese"，如图 5-35 所示。同样为目录中的其他列表项添加链接。

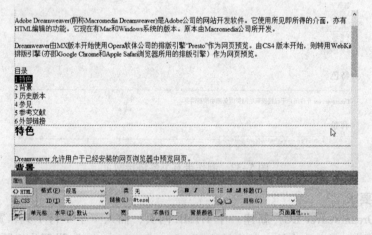

图 5-35　为目录添加链接

（4）保存文件，按〈F12〉键预览，效果如图 5-33 所示。单击"1. 特色"，页面跳转至"特色"起始行内容，如图 5-36 所示。

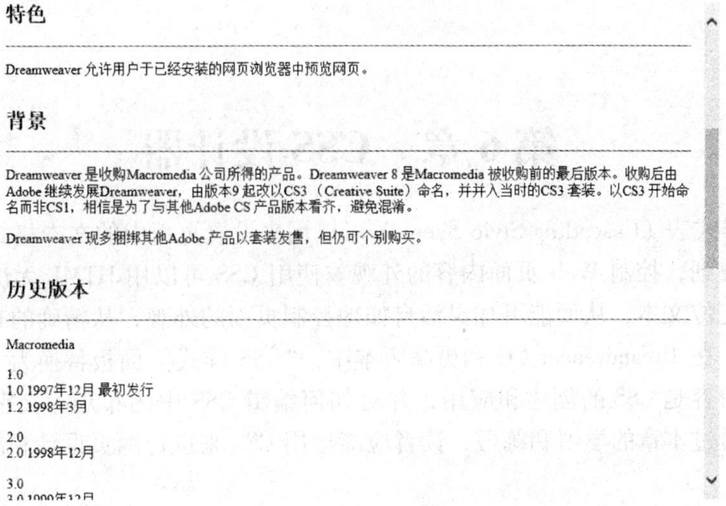

特色

Dreamweaver 允许用户于已经安装的网页浏览器中预览网页。

背景

Dreamweaver 是收购 Macromedia 公司所得的产品。Dreamweaver 8 是 Macromedia 被收购前的最后版本。收购后由 Adobe 继续发展 Dreamweaver，由版本 9 起改以 CS3（Creative Suite）命名，并并入当时的 CS3 套装。以 CS3 开始命名而非 CS1，相信是为了与其他 Adobe CS 产品版本看齐，避免混淆。

Dreamweaver 现多捆绑其他 Adobe 产品以套装发售，但仍可个别购买。

历史版本

Macromedia

1.0
1.0 1997年12月 最初发行
1.2 1998年3月

2.0
2.0 1998年12月

3.0
3.0 1999年12月

图 5-36　页面内链接成功

5.4　习题

一、填空题

1. 链接文档的载入方式中"_blank"是指_____。

2. 使用指向文件图标创建链接和按住_____键拖动鼠标创建链接效果一样。

3. 为文字添加链接时，需要在链接栏中 E - mail 地址前写上_____。

二、简答题

1. 使用三种不同的方法为一段文字设置链接，比较他们的优缺点。

2. 简述为页面设置电子邮件链接的过程。

3. 页面内链接有什么作用？

第6章　CSS 设计器

CSS 层叠样式表（Cascading Style Sheets）可以用来设置页面中的文本格式。它实际上是一系列格式设置规则，控制 Web 页面内容的外观。使用 CSS 可以用 HTML 无法提供的方式来设置文本格式和定位文本，从而能更加灵活自如地控制页面的外观，从精确的布局定位到特定的字体和样式等。在 Dreamweaver CC 和更高版本中，"CSS 样式"面板替换为"CSS Designer"。

本章主要内容是 CSS 的创建和应用，并对如何编辑 CSS 中的布局、文字、边框和背景作详细的讲解。通过本章的学习和练习，读者应能运用 CSS 来进行网页设计和制作。

6.1　案例 1：用 CSS 美化页面

【案例目的】美化页面。文本与图片的排版效果，如图 6-1 所示。

图 6-1　制作简单网站效果图

【核心知识】熟悉使用 CSS 设计器。

6.1.1　初识"CSS 设计器"

"CSS 设计器"面板属于 CSS 属性检查器，通过它可以"可视化"地创建 CSS 样式和规则，并设置属性和媒体查询。

如图 6-2 所示，全新的"CSS 设计器"面板包括四个窗格。

1. 源

"源"窗格中列出了与文档相关的所有 CSS 样式表。单击窗格右侧的 ➕ 按钮，可以选择

图 6-2　全新的"CSS 设计器"

"创建新的 CSS 文件"并将其附加到文档;"附加现有的 CSS 文件"附加到文档或者"在页面中定义"CSS 文件。

如果是添加源"在页面中定义",则在 CSS 设计器中所做的设置和修改同时显示在【拆分】窗口的代码中。如果是添加源"创建新的 CSS 文件",则在 CSS 设计器中所做的设置和修改会存储在新 CSS 文件中,但不显示在当前的 HTML 网页中,在"拆分"窗口的代码中也无法查看,需要打开新 CSS 文件进行查看。

如果选择其中已存在的 CSS 文件,单击█按钮可以将其删除。

2. @媒体

在"源"窗格中列出所选源中的全部媒体查询。如果不选择特定的 CSS,此窗格显示与文档关联的所有媒体查询。

3. 选择器

显示在"源"窗格中所选源中的全部选择器。如果同时选择一个媒体查询,则此窗格会为该媒体查询缩小选择器列表范围。如果没有选择 CSS 或媒体查询,则此窗格显示文档中的所有选择器。

在"@媒体"窗格中选择"全局"后,显示所选源的媒体查询中不包括的所有选择器。

4. 属性

属性窗格显示为指定的选择器设置的属性。

CSS 设计器是上下文相关的,对于任何给定的上下文或选定的页面元素,都可以查看关联的选择器和属性。在 CSS 设计器中选中某选择器时,关联的源和媒体查询将在各自的窗格中高亮显示。

案例分解 1：插入表格

（1）运行 Dreamweaver CC，新建一个 HTML 文件，插入 4 行 1 列，宽度为 760px，边框设为 0 的表格。第 1 行插入一个版头图片；第 2 行插入一个 1 行 6 列宽度为 760px 的表格，做导航表格；第 3 行为正文部分，包括主题图片和文字说明；第 4 行为版权信息。如图 6-3 所示。

图 6-3　用表格做的简单网页

此表格简单粗糙，因此要利用 CSS 对此网页进行设置。

（2）如果 CSS 设计器没有显示在工作区，打开"窗口"菜单，选择"CSS 设计器"命令打开如图 6-2 所示的"CSS 设计器"，将光标放置在设计器的右侧边，待鼠标箭头变为"⇔"时向右拖动，则 CSS 设计器可以加宽，属性窗格单独为一列，如图 6-4 所示，在"源"窗格中单击添加 按钮，选择"在页面中定义"命令，将样式 <style> 添加在"源"窗格中。

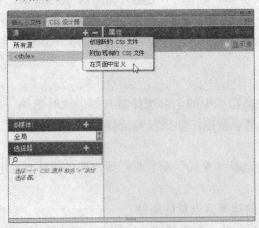

图 6-4　"在页面中定义" CSS

6.1.2 在 CSS 设计器中定义 CSS 选择器

在"CSS 设计器"中，选择"源"窗格中的某个 CSS 源或"@ 媒体"窗格中的某个媒体查询后，即可在选择器窗口寻找相关选择器。如果是新建的 CSS 文件，在文档中选择元素，在"选择器"窗格中，单击 ∅ 按钮，CSS 设计器智能确定并提示使用相关选择器（最多三条规则，例如#wrapper #main p。）；也可以单击选中某选择器，输入所需的名称来为其重新命名。CSS 选择器窗格中可以做如下操作：

（1）删除系统建议的规则并输入所需的选择器。输入选择器名称以及"选择器类型"的指示符，要指定 ID，在选择器名称之前添加前缀"#"，可以包含任何字母和数字组合，如#containerDIV1；要指定类，则选择器名称之前添加前缀"."，可以包含任何字母和数字组合（例如，. myhead1）。

（2）搜索特定选择器。使用选择器窗格顶部的搜索框，输入类或者 ID 名，则会出现相应的选择器，如图 6-5 所示。

（3）重命名选择器。在该选择器中双击鼠标，选择器处于修改状态，输入所需的新名称，如图 6-6 所示。

图 6-5 在选择器中使用搜索

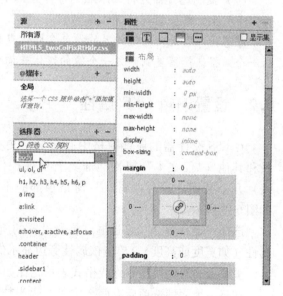

图 6-6 重命名选择器

（4）重新整理选择器。单击鼠标选择某个选择器，可以上下移动将其拖至所需位置。

（5）将选择器从一个源移至另一个源。选择该选择器拖至"源"窗格中所需的源上。

（6）复制所选源中的选择器。右键单击该选择器，然后单击"复制样式"，如图 6-7 所示。

1）如果选择器没有样式，则"复制样式"和"复制所有样式"处于禁用状态。

2）对于无法编辑的远程站点，"粘贴样式"处于禁用状态。但是"复制样式"和"复制所有样式"都可以使用。

3）已在某个选择器上部分存在的粘贴样式（重叠）可以使用。所有选择器的 Union 均已粘贴。

图 6-7 复制选择器

4）复制粘贴样式也适用于 CSS 文件的不同连接，如导入、链接、内联样式。

（7）复制选择器并将其添加到媒体查询中，右击该选择器，将鼠标悬停在"复制到媒体查询中"上，然后选择该媒体查询。

注意：只有选定的选择器的源包含媒体查询时，"复制到媒体查询中"选项才可用。无法从一个源将选择器复制到另一个源的媒体查询中。

6.2 设置编辑 CSS 属性

图 6-8 CSS 设计器的窗口属性

在 CSS 设计器的属性窗格中有布局、文本、边框、背景和其他（"仅文本"属性而非具有可视控件的属性的列表）几个类别，并由"属性"窗格顶部的不同图标表示，如图 6-8 所示。

选择"显示集合"复选框可将所设置的所有属性筛选出来，查看其集合属性。如要设置属性（如宽度或高度），单击该属性旁边显示的选项，从中选择或者输入所需要的属性值。

被覆盖的属性使用删除线格式表示，比如~~color~~：。

在每一个属性选项后有两个按钮，◎为禁用 CSS 属性按钮，🗑为删除 CSS 属性按钮。

任何属性若对于样式并不重要，可将其保留为空。

CSS 中使用的长度单位分绝对长度单位和相对长度单位，绝对长度单位不随显示器的分辨率改变而改变，因此一般常采用相对长度单位。CSS 中的长度单位如表 6-1 所示。

表 6-1　CSS 中的长度单位

长 度 单 位		含　义
相对长度	em	相对于父元素的文字大小，例如：|font−size:2em|是指文字大小为原来的 2 倍。如果定义某个元素的文字大小为 12pt，那么，对于这个元素来说 1em 就是 12pt
	ex	相对于小写字母"x"的高度
	rem	相对于根元素的文字大小
	vw	相对于视窗的宽度，视窗宽度是 100vw

94

长度单位		含　义
相对长度	vh	相对于视窗的高度，视窗高度是 100vh
	vm	相对于视窗的宽度或高度，取决于哪个更小
	ch	字符 0（零）的宽度，相对于 0 尺寸
	px	即像素，相对于屏幕分辨率而不是视窗大小；通常为 1 个点或 1/72 英寸
	%	相对于父元素。正常情况下是通过属性定义自身或其他元素。例如：| font－size:300% | 是指文字大小为原来的 3 倍
绝对长度	in	inch，英寸
	cm	centimeter，厘米
	mm	millimeter，毫米
	pt	即 point 字号，1/72 英寸
	pc	12 磅字，或 1/12 个点

注：任意浏览器的默认字高都是 16px。所有未经调整的浏览器都符合：1em＝16px。国外的大部分网站使用 em 作为文字单位，在 IE 浏览器中能够调整。

6.2.1　文本属性

默认情况下，Dreamweaver 使用层叠样式表 CSS 设置文本格式。不论是使用"属性"面板还是使用菜单命令，设置的应用于文本的样式，都将创建 CSS 规则，这些规则嵌入在当前文档的头部。

使用"CSS 设计器"可以创建和编辑 CSS 规则和属性，在"CSS 设计器"中显示为当前文档定义的所有 CSS 规则，而不管这些规则是嵌入在文档的头部还是在外部样式表中。Adobe 建议使用"CSS 设计器"作为创建和编辑 CSS 的主要工具，这样做，代码更清晰，更易于维护。除了所创建的 CSS 样式和样式表外，还可以使用 Dreamweaver 附带的样式表对文档应用样式。

CSS 设计器中除了可以设置文字的大小和颜色外，还可以设置文字的类型、变量、粗细，行高，文本对齐方式、修饰方式和文本首行缩进；并且还可以设置文本的阴影效果和文本的变形、字符和字之间的空格、垂直对齐方式等。

设置了阴影的文本效果如图 6-9 所示。letter－spacing 和 word－spacing 的区别如图 6-10 所示。

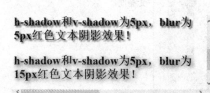

图 6-9　文本的阴影效果

图 6-10　letter－spacing 和 word－spacing 的区别

6.2.2　背景属性

CSS 允许应用纯色作为背景，也允许使用背景图像创建相当复杂的效果。背景色可以在颜色选择器中选择，也可以通过直接输入颜色模型的数值进行颜色设置。

通过添加背景图片，还可以为表格添加自己选定的背景图片，并对背景图片进行位置、大小、是否重复等进行设置。

1. 背景色

background – color：设置元素的背景颜色。该属性接受任何合法的颜色值，既可以写出颜色的英文名，也可以使用 RGB 颜色，例如：rgb（255，0，0）表示红色，rgb（0，255，0）表示绿色，rgb（0，0，255）表示蓝色，rgb（255，255，0）表示黄色。还可以使用十六位的颜色值表示，例如#FF0000 红色，#00FF00 表示绿色，#0000FF 表示蓝色，#FFFF00 表示黄色。

可以为所有元素设置背景色，包括 body 一直到行内元素。background – color 不能继承，默认值是 transparent，即"透明"。如果一个元素没有指定背景色，那么背景就是透明的，这样其祖先元素的背景才能可见。

如图 6-11 所示为不同的背景颜色设置效果。

图 6-11　不同背景色的设置效果

2. 背景图像

（1）background – image：设置元素的背景图像。其默认值是 none，即背景上没有设置任何图像。如果需要设置一个背景图像，必须为这个属性设置一个 URL 值，可以通过"浏览"按钮或者直接输入背景图像的 URL 地址。

（2）gradient 用于设置背景图像的渐变色，如图 6-12 所示。

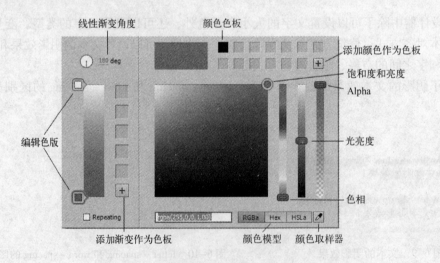

图 6-12　设置渐变色

其中颜色取样器可以对屏幕的任意颜色取样应用。选择编辑色版的一个按钮，在颜色模型中选择或输入其颜色值，可以是 RGBa 颜色模型，也可以是 Hex 颜色模型，还可以是 HSLa 颜色模型，可将要进行渐变的颜色添加在色版上。

线性渐变角度可以用鼠标拖动进行选择，也可以直接输入数值进行选择。

例如 RGBa 颜色模型，这是代表 Red（红色）、Green（绿色）、Blue（蓝色）和 Alpha 的色彩空间，采用的颜色是 RGB。Alpha 通道用作不透明度参数，其值可以用百分比、整数或者用 0 到 1 的实数表示。如果一个像素的 Alpha 通道数值为 0%，那它就是完全透明的，而数值为 100% 则意味着一个完全不透明的像素。一般情况下都采用 100% 的 Alpha 数值。

在 CSS 设计器中设置由绿色到红色渐变的背景效果，渐变角度不同，其背景色不同，如图 6-13 所示，分别是其渐变角度为 0 度、90 度、180 度和 270 度时的背景效果。

图 6-13　渐变角度不同的背景色效果

3. 背景的其他属性

background－position：指定背景图像相对于元素的初始位置，可以改变图像在背景中的位置。默认值为 0% 0%，在功能上相当于 top left，图像从元素内边距区的左上角开始平铺。如果图像位置是 100% 100%，会使图像的右下角放在右边距的右下角。如果图像位置是 66% 33%，则图像放在水平方向 2/3、垂直方向 1/3 处。如图 6-14 所示为不同位置设置的背景图像。如图 6-15 所示为设置不同尺寸的背景图像。

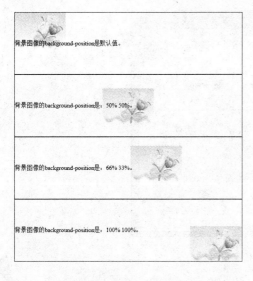

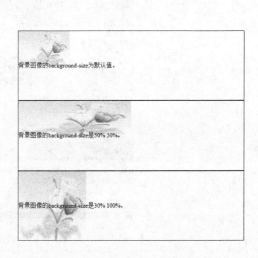

图 6-14　不同位置的背景图像　　　　图 6-15　不同尺寸的背景图像

如果附件属性为"固定",则位置是相对于"文档"窗口而不是元素。

还可以使用一些关键字:left、right 和 center 来指定图像位置。也可以使用长度值,如 100px 或 5cm。如果设置值为 50px 100px,图像的左上角将在元素内边距区左上角向右 50 像素、向下 100 像素的位置上。

(3)background – origin:设置背景图像的定位区域。规定背景图像是放在 content – box、padding – box 还是 border – box 区域。

左填充 padding 设置为 100px,顶部填充 padding 设置为 30px 时,将背景图片设置在不同的定位区域,效果如图 6-16 所示。

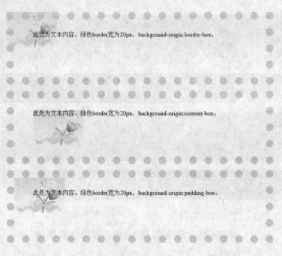

此处为文本内容。绿色border宽为20px,background-origin:border-box。

此处为文本内容。绿色border宽为20px,background-origin:content-box。

此处为文本内容。绿色border宽为20px,background-origin:padding-box。

图 6-16 不同的 background – origin 设置效果

案例分解 2:设置文本的类型、背景等属性

(1)选中样式 < style >,在"选择器"中单击添加按钮 ➕,输入要创建的类名称". title"应用于文本的标题,在"属性"窗格中可以对这个类进行属性设置。单击文本类别,设置类 title 的文本,字的大小为 24px,颜色为#FF0000 红色。如图 6-17 所示。

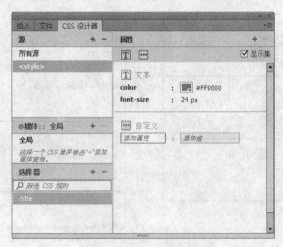

图 6-17 类的 CSS 设计器

选择"阳朔美景"作为标题，单击属性面板的 ⟨⟩HTML 按钮，单击"类"右边的下拉按钮，从中选择"title"，将其应用于标题，如图6-18所示。

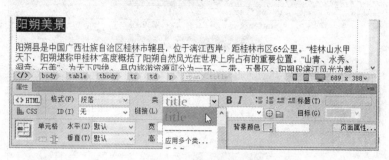

图6-18 对标题应用CSS

（2）选中样式＜style＞，在"选择器"中单击添加新的类". tb"，用来设置表格的背景色。单击属性窗格中的背景按钮，设置背景颜色为#EEDEDB。

在页面下面的属性框中选中＜table＞，在Class的右下拉箭头中选中类". tb"，页面中的颜色如图6-19所示。

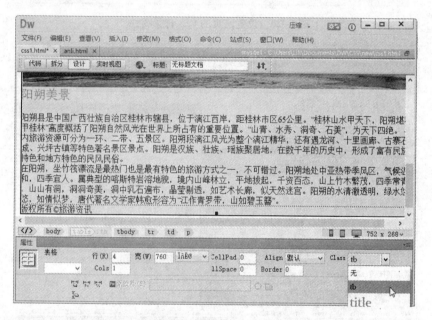

图6-19 对表格应用背景

（3）为＜style＞添加新的标签"body"，用来规范网页的默认设置，其CSS设置自动作用于整个网页。设置文本大小是16px，行高22px；背景色为#DFC0BB，如图6-20所示。

（4）为＜style＞添加新的类". copy"，文本为宋体，12号，行高25px，颜色#333333，文本居中对齐；背景色设为#04A292；将光标置于第4行版权单元格，在属性面板的＜HTML＞中单击"类"右边的下拉按钮，从中选择"copy"，对其应用CSS样式，如图6-21所示。

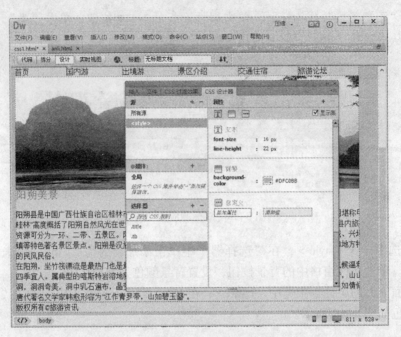

图 6-20　设置网页的 CSS 背景属性

图 6-21　设置版权行的 CSS 属性

6.2.3　边框属性

　　CSS 边框属性可以创建出效果出色的边框，并且可以应用于任何元素。元素外边距内就是元素的边框（border），元素的边框就是围绕元素内容和内边距的一条或多条线。

1. 边框基本属性

每个边框有 3 个属性：宽度、样式以及颜色。在 CSS 设计器中边框控件属性可以迅速查看或修改。可以设置"所有边"的属性，也可以分别对上右下左进行不同的属性设置。如图 6-22 所示，边框颜色顶部为红色，其余为黑色。

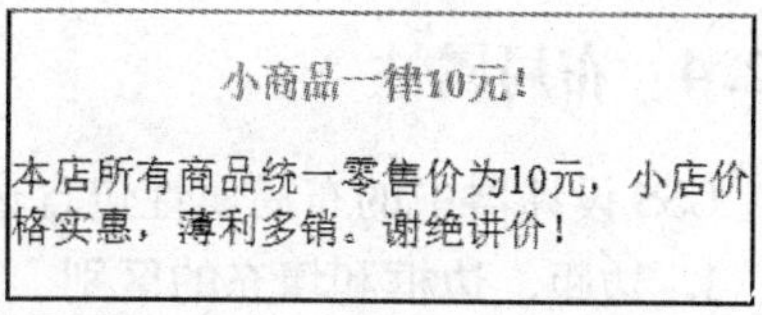

图 6-22　分别设置边框属性

其中，width 用来设置边框的宽度；color 用来设置边框的颜色，可以分别设置每条边的颜色。

style 用来设置边框的样式属性，只有边框的样式属性设置后，才能在元素或者浏览器中看到边框，如果不进行样式设置，是没有边框的。边框的样式分为点线、虚线、实线、双行线等；如图 6-23 所示为不同的样式设置所代表的不同显示。

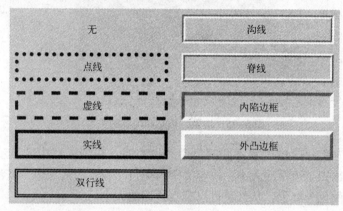

图 6-23　不同的样式

2. 边框的 border – radius 属性

border – radius 用来设置边框半径，它可以同时设置四个圆角的半径。度量值可以使用 em、ex、pt、px、百分比等等。通过 4r 或 8r 的选择可以分别从 4 个数值或者 8 个数值来设置四个边框角的半径，如图 6-24 示。

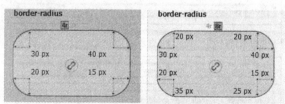

图 6-24　分别设置边框的四个角半径

选择 8r，分别设置其边框半径为 55px 和 55px 29px 时，如图 6-25 所示。

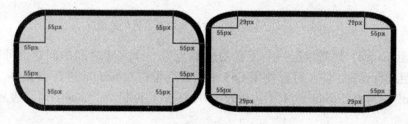

图 6-25　不同边框半径的显示

6.2.4　布局属性

CSS 设计器中的布局属性包含边距 margin、填充 padding 和位置 position 等。

1. 边距、边框和填充的区别

边框 border 是指内容的边界大小；边距是指外边距；填充是内边距。设置边距，指所设置内容所在边框外面的大小；设置填充，则指所设置内容在边框里面的大小；如图 6-26 所示。margin 是 Div 与周边元素的距离，padding 是 Div 里边内容与这个 Div 的距离。

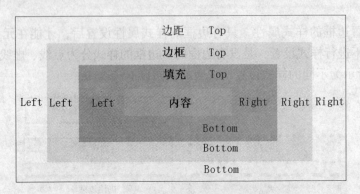

图 6-26　边距、填充和内容的关系

图 6-27 所示为在 CSS 中设置不同的边距和填充时，在浏览器中的显示。背景颜色为黄色，从黄色可以看出四个边距的大小；内容文字为黑色，背景为浅绿色，从浅绿色可以看出填充的大小；边框的颜色为红色，从红色可以观察边框的大小。

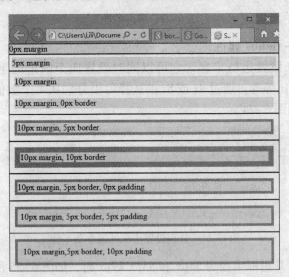

图 6-27　不同边距、边框和填充设置时的情况

（1）边距 margin：用来指定一个元素的边框与另一个元素之间的间距，可以对上、右、下、左的边距进行设置。除了可以使用 CSS 中的长度单位对 margin 进行设置外，也可以将其设置为 "auto"，例如当 width 的上下边距设为 0，左右边距设为 "auto" 时，表示该元素会自动水平居中。

（2）填充 padding：用来指定元素内容与元素边框之间的间距，同样可以对上、右、下、左的边距进行设置。

margin 是用来隔开元素与元素的间距；padding 是用来隔开元素与内容的间隔。margin 用于布局分开元素使元素与元素互不相干；padding 用于元素与内容之间的间隔，如果没有边框，边距 margin 相当于填充 padding。

（3）属性设置

在 CSS 设计器中，如图 6-28 所示，利用单击可以对边距、填充和边框的上下左右四个值分别进行方便快捷的设置，如果想让所有四个值相同并同时更改，单击中心位置的链接图标 。

利用禁用 或删除 两个图标可随时对某个特定值进行 CSS 禁用和删除，比如删除

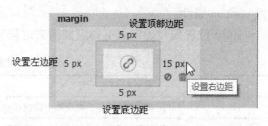

图 6-28　边距属性设置

左侧外边距值，同时保留右侧、顶部和底部外边距值。也可以利用边距框右侧的禁用和删除图标对四个边距同时进行操作。

2. 布局的其他属性

（1）width 和 height 即设置元素的宽度和高度，CSS 中的长度单位均可使用。

（2）display 用来设置元素的显示方式，常用的有 block 和 inline - block。block 就是元素以"块"的方式显示，inline 就是元素以"行"的方式显示。在页面文档中 block 元素另起一行开始，并独占一行。inline 元素则同其他 inline 元素共处一行。

提示：Div、h1 或 p 元素常常被称为块级元素。这些元素显示为一块内容，即"块框"。span 和 strong 等元素称为"行内元素"，因为它们的内容显示在行中，即"行内框"。

display 的设置值及含义如表 6-2 所示。

表 6-2　常用 display 属性表明

值	描　　述
inherit	规定应该从父元素继承 display 属性的值
none	元素不会被显示
block	元素将显示为块级元素，元素前后会带有换行符
list - item	元素会作为列表显示
inline	默认。此元素会被显示为内联元素，元素前后没有换行符
inline - block	行内块元素
inline - table	元素会作为内联表格来显示（类似 < table >），表格前后没有换行符

（3）box - sizing 用来以特定的方式定义匹配某个区域的特定元素。它包括 content - box、border - box 和 inherit。

- content - box：即在宽度和高度之外绘制元素的边距和边框。使用该属性定义 width 和 height 时，元素的宽度不包括 border 和 padding。
- border - box：即元素指定的任何边距和边框都将在已设定的宽度和高度内进行绘制。使用该属性定义 width 和 height 时，border 和 padding 被包含在宽高之内。内容的宽和高通过定义的"width"和"height"减去相应方向的"padding"和"border"的宽度得到，

而且内容的宽和高必须保证不能为负，在必要时将自动增大该元素 border box 的尺寸以使其内容的宽或高最小为 0。

- inherit：继承父元素 box – sizing 属性的值。

如图 6–29 为两种不同 box – sizing 的设置效果。

（4）使用 CSS 设计器属性窗格中的布局控件，还可以快速对某个选择器设置上下左右的位置 position 属性。

position 位置属性确定浏览器应如何来定位选定元素，其设置如表 6–3 所示。

表 6–3　位置属性表明

值	描　述
static	元素没有被定位，在文档中出现在它应该在的位置
absolute	绝对定位元素，可以准确地按照设置的 top、bottom、left 和 right 来定位
fixed	绝对定位元素，相对于浏览器窗口进行定位。通过"left""top""right"以及"bottom"属性进行规定
relative	相对定位元素，相对于其正常位置进行定位。例如，"left:20"会向元素的 LEFT 位置添加 20px

如图 6–30 所示为不同定位方式的效果。

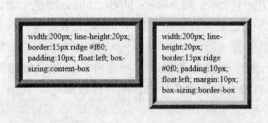

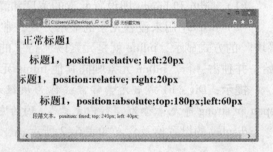

图 6–29　两种不同 box – sizing 的设置效果　　　图 6–30　不同定位效果

（5）float 属性定义元素在哪个方向浮动。该属性一般应用于图像，使文本围绕在图像周围，但是在 CSS 中，任何元素都可以浮动。不论它本身是何种元素，浮动元素都会生成一个块级框。例如，在右侧浮动的图像固定在右侧，以后添加的内容流动到图像的左侧。

如果浮动非替换元素，则要指定一个明确的宽度，否则，它们会尽可能地窄。

如果在一行之上只有极少的空间可供浮动元素使用，那么这个元素会跳至下一行，直至某一行拥有足够的空间为止。

clear 属性规定元素的哪一侧不允许其他浮动元素。clear 属性用来设置要清除浮动的一侧，指定元素左侧、右侧或者两侧不允许有其他的浮动元素。

如图 6–31 所示，为使用 float 和 clear 属性的效果。

（6）visibility：设定对象定位元素的最初显示状态。inherit，继承父元素的显示属性；visible，对象可视；hidden，隐藏对象；collapse，如果可能，边框会合并为一个单一的边框。

（7）z – Index：设置对象的堆积顺序。编号较大的元素会显示在编号较小的元素前边，变量值可以是正值也可以是负值。该属性只能在定位元素上使用，例如 position：absolute。如图 6–32 所示，为默认图像位置，和将图像绝对定位在左上方，然后使用 z – index 的效果。

为图像增加浮动和清除属性，
width:120px; margin:0 0 15px 20px;
padding:15px; border:1px solid
#CB2FAA; float:right; clear:both。

为图像设置CSS属性，width:120px; margin:0 0 15px
20px; padding:15px; border:1px solid #CB2FAA。

图 6-31　使用 float 和 clear 属性前后的效果

图 6-32　设置 z-index 属性前后的效果

（8）opacity：设置不透明级别，默认为 1。范围是 0-1，0 代表完全透明，1 代表完全不透明。如图 6-33 所示。

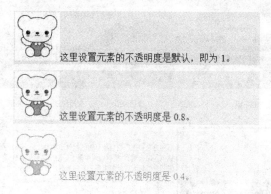

图 6-33　不同 opacity 设置效果

案例分解 3：

（1）选中文本上方的图片，为其设置属性，在 CSS 设计器中单击源 < style >，在"选择器"中添加新的类".img01"，单击属性窗格中的"边框"按钮，对边框进行设置。边框的颜色为#846761，边框的宽度为 4px，边框的样式为 outset。按〈F12〉键进行预览，如图 6-34 所示。

继续对类 img01 进行设置，单击属性窗格中的"布局"按钮，对图片的边距、填充和位置属性进行设置。在此设置图片的宽度为 270px，高度为 180px，边距为 5px，填充为 5px，浮动为左。

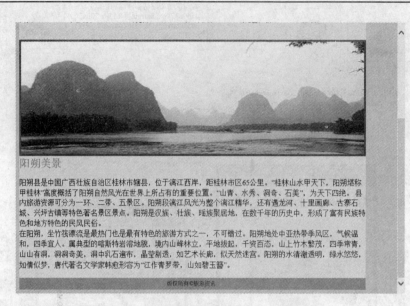

图 6-34　设置图片边框后的预览效果

（2）在选择器中选中".tb"，设置其 margin 边距左右为 auto，将表格位置设置为在浏览器中的居中位置。按〈F12〉键进行预览，如图 6-35 所示。

图 6-35　设置图片和表格边距后的预览视图

（3）在选择器中添加类".lead"，其文本设置为：颜色为 #FFFFFF 白色，宋体，16 号，行高 25px，文本居中，背景色为 #056468。其布局设置为：宽 110px，高 26px。边框设置为：style 边框样式为实线，右边宽度为 1px，颜色为 #FFFFFF 白色，其他边宽度为 0。如图 6-36 所示。

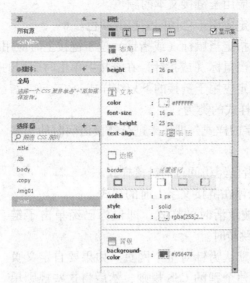

图 6-36　为导航栏单元格设置类属性

（4）打开属性面板，为第 2 行导航栏中的每一个单元格应用类 ".lead"。按〈F12〉键进行预览，如图 6-37 所示。

图 6-37　设置导航栏后的预览视图

6.2.5　超链接

在 CSS 设计器中可以为超链接定义以下属性规则：

（1）链接字体：指定链接文本使用的默认字体系列。默认情况下，Dreamweaver 使用为整个页面指定的字体系列。

（2）大小：指定链接文本使用的默认文字大小。

（3）链接颜色：指定应用于链接文本的颜色。

（4）已访问链接：指定应用于已访问链接的颜色。

（5）变换图像链接：指定当鼠标（或指针）位于链接上时应用的颜色。

（6）活动链接：指定当鼠标（或指针）在链接上单击时应用的颜色

（7）下划线样式：指定应用于链接的下划线样式。

常用的四个定义链接样式的类为：

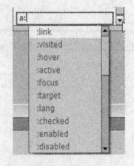

- a:link 定义链接文字的样式，即还未进行链接访问时的文字样式。

- a:visited 定义浏览者已经访问过的链接样式。

- a:hover 定义鼠标悬浮在链接文字上时的样式。

- a:active 定义链接被激活时的样式，即鼠标已经单击了链接，但页面还没有跳转时。

图 6-38　在选择器中添加超链接

定义超链接时，一般默认为针对整个网页。如果要自定义页面上的个别链接，可以创建个别的 CSS 规则，然后将这些规则单独应用于各个链接。

CSS 设计器中超链接有很多选项，单击"选择器"的添加按钮，输入"a:"，则可从中选择要使用的链接属性。如图 6-38 所示。

案例分解 4：

（1）为第 2 行导航栏的"首页"、"国内游"和"出境游"分别加上链接，预览效果如图 6-39 所示，带有链接的内容自动加上下划线，文字的颜色也已经改变为默认颜色。首页的链接已经打开，国内游和出境游的链接还未打开，则其文字的颜色为浏览器默认的颜色。

图 6-39　无链接属性设置的预览效果

（2）打开 CSS 设计器，为 < style > 添加新的选择器，输入"a:"，分别为 a:link、a:visited、a:hover 和 a:active 进行属性设置。对 a:link 设置其文本颜色为蓝色#FFFF00，取消下划线，即文本修饰 text - decoration 设为 none。则当文本带有链接时，文字为黄色无修饰，预览如图 6-40 所示。

图 6-40　链接前文本属性

添加选择器 a:visited，设置其文本颜色为#FFFF88，取消下划线，则当已经访问过此链接后，文本为浅黄色无修饰，预览如图 6-41 所示。

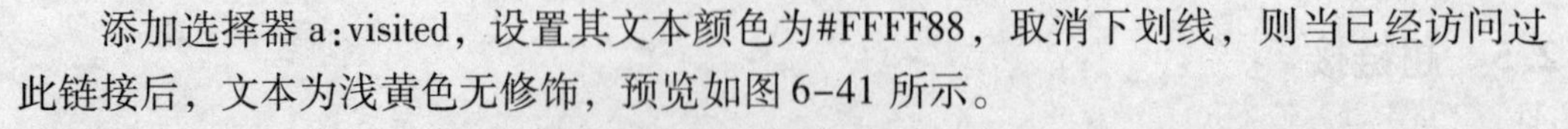

图 6-41　链接被访问后文本属性

添加选择器 a:hover，设置其背景色为#32FF96，则当鼠标经过此链接时，背景颜色为高亮的设置背景色。预览效果如图 6-42 所示。

图 6-42　鼠标经过时链接文本背景

设置其布局的填充为上下 5px，左右 22px，链接的文本高亮背景色会随着设置范围增大。预览效果如图 6-1 所示。

6.3　案例 2：外部 CSS 文件

【案例目的】利用外部 CSS 文件将图 6-43 的图 a 设置为图 b 格式。

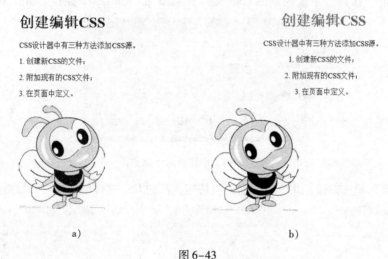

图 6-43

a）应用外部 CSS 文件前　b）应用外部 CSS 文件后

【核心知识】熟悉创建 CSS 文件。

6.3.1　创建新 CSS 文件

样式表文件扩展名为 .css，它可以用任何文本编辑器（例如：记事本）打开并编辑。

一个外部样式表文件可以应用于多个页面。只要修改外部的 CSS 样式表文件，所有链接到该样式表文件的文档格式都会自动发生改变。在制作大量相同样式页面的网站时，使用外部样式表，可以减少重复的工作量，而且有利于以后的修改、编辑，浏览时也减少了重复下载代码。

在 Dreamweaver CC 中有两种创建新 CSS 文件的方法。

（1）打开"CSS 设计器"，在"源"窗格中单击添加 按钮，选择"创建新的 CSS 文件"，弹出"创建新的 CSS 文件"对话框，如图 6-44 所示。

输入新 CSS 文件名，新 CSS 文件名必须指定"file://"路径，否则无法创建。或者单击对话框中的"浏览"按钮，输入要保存的文件名，单击"保存"按钮，系统弹出提示框，如图 6-45 所示。

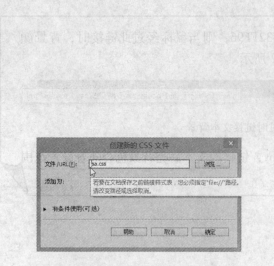

图 6-44 "创建新的 CSS 文件"对话框   图 6-45 命名新 CSS 文件

单击"确定"按钮,系统为新的 CSS 文件自动添加"file://"路径,如图 6-46 所示。

图 6-46 创建新 CSS 文件

选择"链接"单选按钮,并单击"确定"按钮,新的 CSS 文件创建成功,如图 6-47 所示。

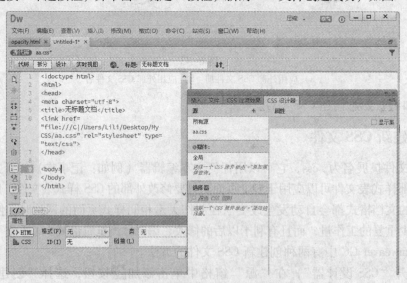

图 6-47 新 CSS 文件创建成功

新的 aa. css 文件不显示在当前 HTML 网页的"拆分"窗口中,在 HTML 网页的菜单栏和文档工具栏之间多出了"aa. css",所做的 CSS 设置和修改会自动添加在 aa. css 文件中。

（2）在"文件"菜单中选择"新建"命令，在页面类型栏选择"CSS"，创建一个新的空白 CSS 文件。打开一个新的未命名的 CSS 文件，如图 6-48 所示。在此可以为新文件添加选择器，并设置其各个属性。

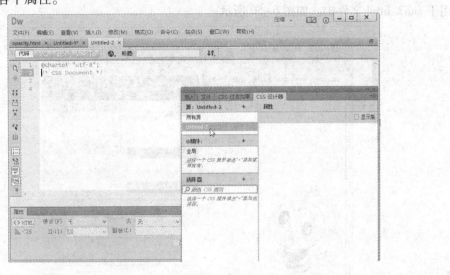

图 6-48　创建的新 CSS 文件

案例分解：

（1）运行 Dreamweaver CC，"新建"一个 anli2. html 文件，输入文本和图片，如图 6-43a 所示。

（2）在"CSS 设计器"的"源"窗格中单击添加▉按钮，选择"创建新的 CSS 文件"lianxi4. css，单击选择器窗格的添加▉按钮，Dreamweaver CC 会自动根据 CSS 文件所链接的 HTML 文档自动选择一个元素，作为目前的选择器；或者将光标定位在设计视图中某个内容上，Dreamweaver CC 则将选取内容相对应的标签，呈现在选择器窗格中。如图 6-49 所示。

图 6-49　在 CSS 设计器中创建新 CSS 文件

（3）在 lianxi4. css 中可以任意设置所需要的属性，标题颜色为#FF0000，文本居中；文档颜色为#000099，居中；图片上边距为 10px，左浮动。此 CSS 文件属性自动应用于 anli2. html 文件中。如图 6-50 所示。

图 6-50　在新 CSS 文件中设置属性

（4）按〈F12〉键进行预览，效果如图 6-43b 所示。

6.3.2　附加现有 CSS 文件

在 CSS 设计器中，除了可以"在页面中定义"，"创建新的 CSS 文件"，还可以"附加现有的 CSS 文件"。

"新建"一个 HTML 文件，如图 6-51 所示。

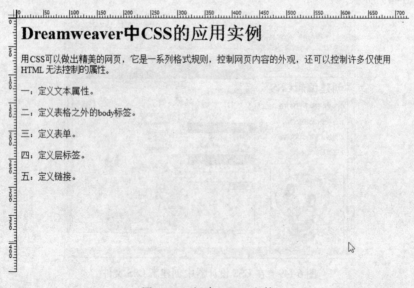

图 6-51　新建 HTML 文件

在"CSS 设计器"的"源"窗格中单击添加 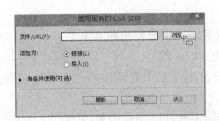 按钮，选择"附加现有 CSS 文件"，弹出"使用现有的 CSS 文件"对话框，如图 6-52 所示。

单击"浏览"按钮，选择在上一节中创建好的 lianxi4. css，如图 6-53 所示。

图 6-52 "使用现有 CSS 文件"对话框   图 6-53 选择已设置好的 CSS 文件

单击"确定"按钮，回到"使用现有的 CSS 文件"对话框，如图 6-54 所示。

单击"确定"按钮，HTML 文件自动链接为 lianxi4 所设置好的 CSS 格式，如图 6-55 所示。

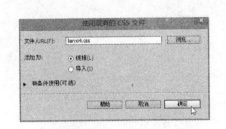

图 6-54 确定所选择 CSS 文件   图 6-55 CSS 文件自动应用到 HTML 文档

6.4 上机实训

项目：创建新 CSS 文件，并附加到新 HTML 文档中

（一）内容要求

重新制作案例 1 "用 CSS 美化页面"，添加 CSS 源时，不使用"在页面中定义"，而是"创建新的 CSS 文件"。制作完成后，将 CSS 文件保存为 lvyouzixun. css。然后应用此 CSS 文件，制作自己家乡的一个旅游介绍。

（二）技术要求

（1）制作表格式 HTML 文档。

（2）在 CSS 设计器中创建新的 CSS 文件。

（3）为 CSS 文件添加选择器，并为其设置各个属性。

（4）制作其他 HTML 文档，然后附加刚保存过的 CSS 文件，查看其应用效果。

6.5 习题

一、填空题

1. CSS 设计器的属性窗格中常用的有_____、_____、_____、_____和其他几个类别，

2. CSS 中使用的长度单位分_____单位和_____单位，_____单位不随显示器的分辨率改变而改变，因此一般常采用_____单位。

3. 定义文本大小时使用_____作为单位可以有效地防止浏览器扭曲文本。

4. 图像背景设置中，一般情况下都采用_____的 Alpha 数值。

5. 只有边框的_____属性设置后，才能在元素或者浏览器中看到边框，否则是没有边框的。

6. _____用来设置边框半径，还可以同时设置四个圆角的半径。

二、简答题

1. CSS 全称是什么？它的优点是什么？

2. CSS 设计器中选择器类型的指示符有哪两种，分别表示什么？

3. CSS 中背景颜色的设置可以用什么数值表示？

4. 边距和填充的区别是什么？

5. float 和 clear 属性的作用是什么？

第7章　HTML5

HTML5 是 HTML 最新的修订版本，2014 年 10 月由万维网联盟（W3C）完成标准制定。它实际上是包括 HTML、CSS 和 JavaScript 在内的一套技术组合，希望能够减少网页浏览器对于丰富插件如 Adobe Flash 等的需求，并且提供更多能有效加强网络应用的标准集。在 Dreamweaver CC 中设置的 HTML5 标准，不需要很深的程序代码，就可以制作出漂亮的网页。

7.1　案例：利用 HTML5 创建博客页面

【案例目的】利用 HTML5 的结构来设计制作一个博客网页，效果如图 7-1 所示。

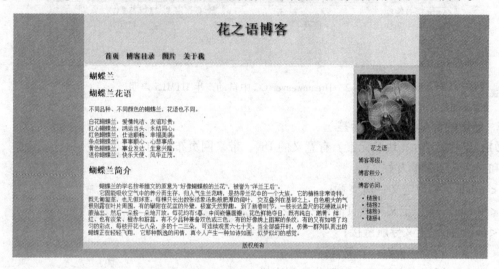

图 7-1　使用 HTML5 和 CSS 制作的博客网页

【核心知识】结合 CSS 使用 HTML5 进行网页布局和制作。

7.1.1　Dreamweaver CC 中 HTML5 的语法结构和新标签

HTML5 添加了许多新的语法特征，其中包括 < video >、< audio > 和 < canvas > 元素，同时集成了可缩放矢量图形（SVG）内容。这些元素是为了能更容易地在网页中添加和处理多媒体和图片内容而添加的。其他新的元素如 < section >、< article >、< header > 和 < nav > 是为了丰富文档的数据内容。一些属性和元素，如 < a >、< cite > 和 < menu > 被修改，重新定义或标准化。同时应用程序接口（API）和文档对象模型（DOM）成为 HTML5 中的基础部分。HTML5 还定义了处理非法文档的具体细节，使所有浏览器和客户端程序能够一致地处理语法错误。HTML5 增加了一些标签，也删除了一些过时的 HTML 4 标签，还重新定义了一些 HTML 标签。

1. HTML5 有新的文档类型声明(DTD)，< !doctype html >

在编写 HTML5 文档时，要求指定文档类型，以确保浏览器能在 HTML5 的标准模式下进行渲染。在 Dreamweaver CC 中新建 HTML 文档时，此声明会自动产生。如图 7-2 所示。

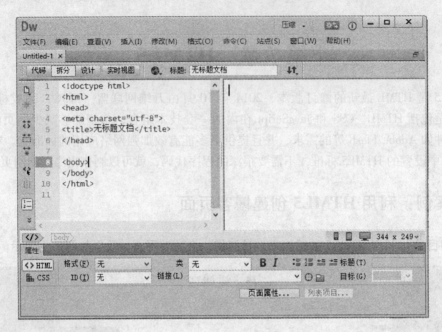

图 7-2　Dreamweaver CC 中自动产生 HTML5 声明

2. 新增的部分 HTML5 标签

（1）结构标签：（块状元素）有意义的 Div，带来网页布局的改变和对搜索引擎的友好。

< article > 标记定义一篇文章；

< header > 标记定义一个页面或一个区域的头部；

< nav > 标记定义导航链接；

< section > 标记定义一个区域；

< aside > 标记定义页面内容部分的侧边栏；

< hgroup > 标记定义文件中一个区块的相关信息；

< figure > 标记定义一组媒体内容以及它们的标题；

< figcaption > 标签定义 figure 元素的标题；

< footer > 标记定义一个页面或一个区域的底部；

< dialog > 标记定义一个对话框（会话框）。

如图 7-3 所示，为 Dreamweaver CC 中 HTML5 的结构标签。

（2）多媒体标签：在不使用插件时可以操纵媒体文件。

图 7-3　Dreamweaver CC 中
HTML5 的结构标签

< video > 标记定义一个视频；

< audio > 标记定义音频内容；

< source > 标记定义媒体资源；

< canvas > 标记定义图片；

< embed > 标记定义外部的可交互的内容或插件，比如 flash。

7.1.2　在 Dreamweaver CC 中编辑 HTML5

Dreamweaver CC 版本全面支持 HTML5 和 CSS3，在编辑 HTML5 网页时可以方便地与 CSS3 相结合使用。

在 Dreamweaver CC 的 HTML5 文档中，插入结构标签有两种方法。

选择"插入"下拉菜单中的"结构"命令；或者打开"窗口"菜单，单击"插入"面板，选择"结构"，如图 7-4 所示。

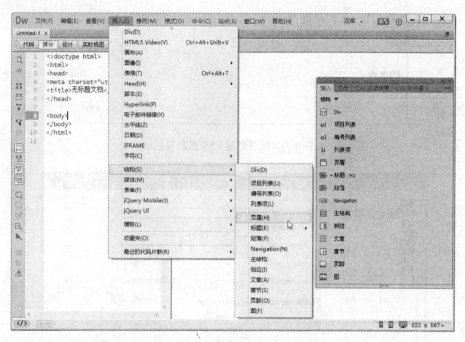

图 7-4　在 HTML5 中插入标签的方法

使用插入结构窗口，单击插入标签时，例如插入"Div"，弹出如图 7-5 所示对话框。

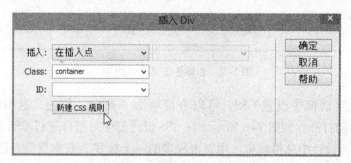

图 7-5　插入标签对话框

可以选择在"插入点"、"在标签开始之后"或者"在标签结束之前"插入组件，在此为组件命名类名 class，或命名 ID，或者不进行类和 ID 的命名，单击"新建 CSS 规则"按钮，弹出如图 7-6 所示对话框。

直接单击"确定"按钮，弹出如图 7-7 所示".container 的 CSS 规则定义"对话框，在此可以设置所插入命名类 class 为 container 的 Div 的 CSS 规则。

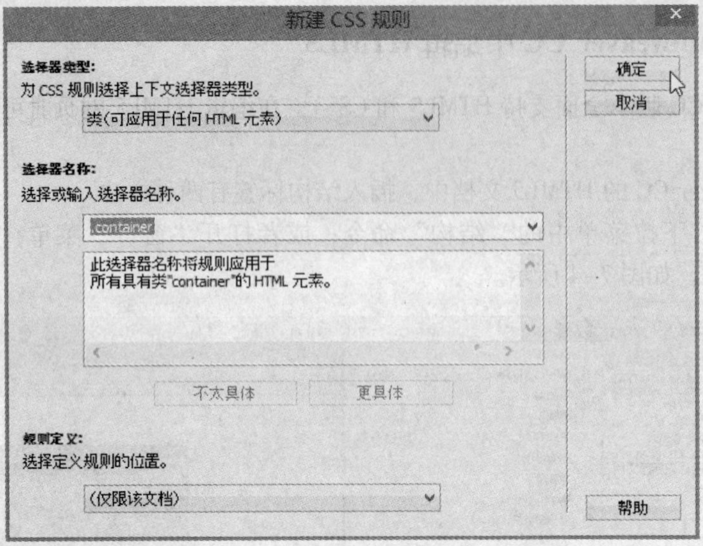

图 7-6　为标签创建 CSS 规则对话框

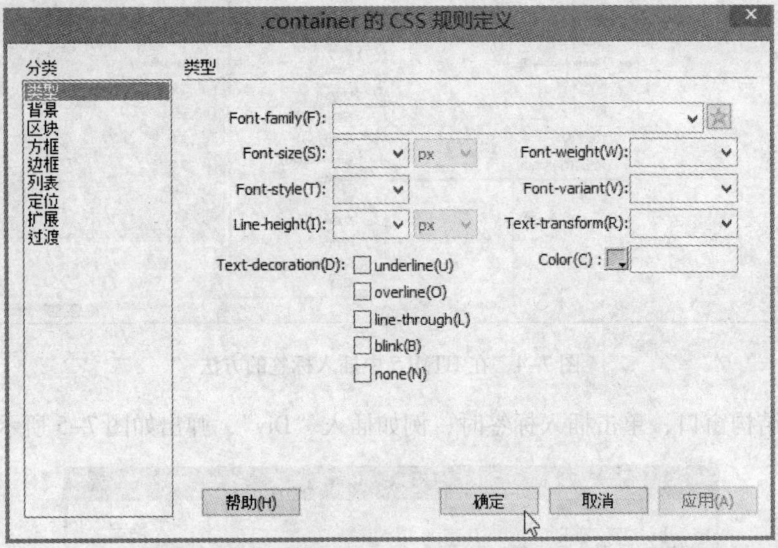

图 7-7　为标签定义 CSS 规则

如果不想在此对话框中设置 CSS，可以直接单击"确定"按钮，返回到 html5 网页中，CSS 设计器已经自动打开，如图 7-8 所示，在 CSS 设计器中对组件进行 CSS 属性设计。

Div 标签是网页设计中见得较多、用得也较多的一个标签。它本身没有任何语义，用作布局以及样式化或脚本的钩子（hook）。< div > 可定义文档中的分区或节（division/section），可以把文档分割为独立的、不同的部分；也可以用作严格的组织工具，并且不使用任何格式与其关联。

为了使该标签的作用变得更加有效，常常使用 id 或 class 来标记 < div >。可以对同一个 < div > 元素应用 class 或 id 属性，但是一般只应用其中一种。< div > 是一个块级元素，它的内容自动地开始一个新行，换行是 < div > 固有的唯一格式表现，可以通过 < div > 的 class 或 id 应用额外的样式。

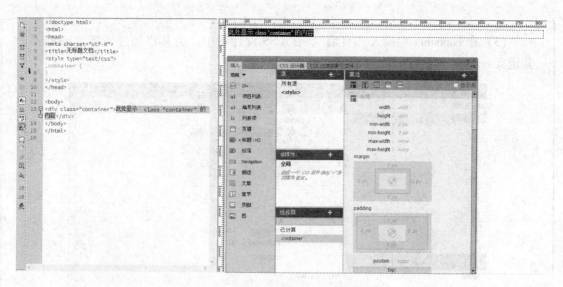

图 7-8   在 CSS 设计器中定义标签属性

class 和 ID 的主要差异是，class 用于元素组，即类似的元素，或者某一类元素，而 id 用于标识单独的唯一的元素。

案例分解 1：插入页眉

（1）进行方案分析，整个网页可以放在一个作为 container 的 Div 中，然后把页面分为如图 7-9 所示的几个部分。

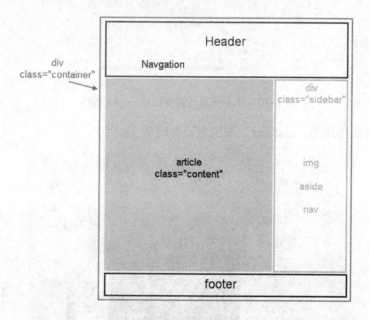

图 7-9   分析网页结构

（2）运行 Dreamweaver CC，新建一个 HTML5 空白页，命名为 boke. html，插入"结构"→"Div"，定义类名为. container，如图 7-8 所示。在 CSS 设计器中定义其布局的宽度为 960 px，左右边距 margin 为 auto，上下边距 margin 为默认值，定义背景为白色#FFFFFF。

（3）在 container 中插入"页眉"，在 CSS 设计器中，为其添加选择器"header"，并定义 header 的各个属性，如图 7-10 所示。

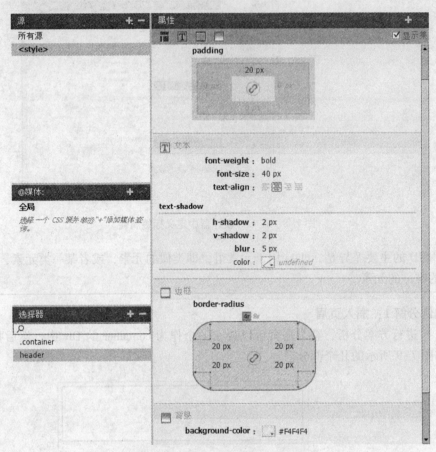

图 7-10　在 CSS 设计器中设置 header 属性

设置其背景图片为"gradient"渐进色，如图 7-11 所示。

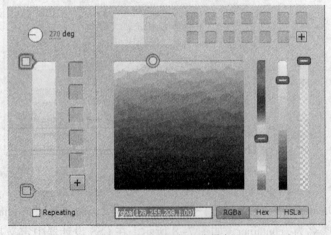

图 7-11　设置渐进背景色

（4）在 header 中输入标题"花之语博客"；然后插入"Navigation"，命名其类为"nav1"，继续插入"项目列表"，在自动弹出的"列表项"中输入"首页"，并增加列表项"博客目录"、"图片"和"关于我"，如图 7-12 所示。

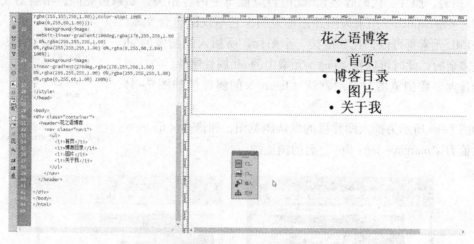

图 7-12　添加导航栏

将光标置于任意一个列表项，在 CSS 设计器中，可以自动添加选择器"header.nav1 ul li"，设置其属性，如图 7-13 所示。

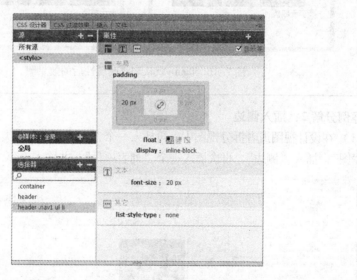

图 7-13　在 CSS 设计器中设置导航栏属性

切换至"实时视图"，如图 7-14 所示。

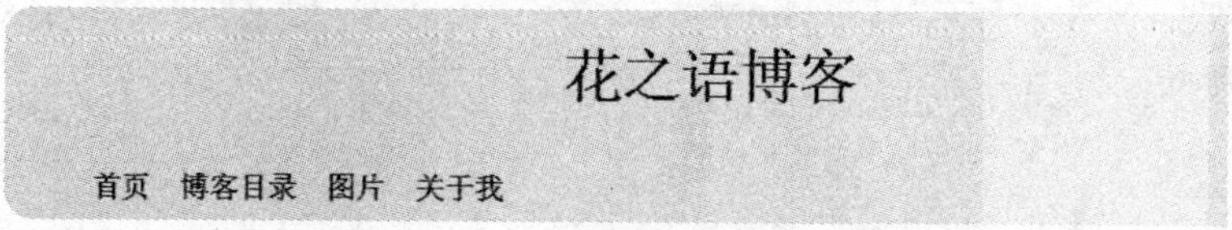

花之语博客

首页　博客目录　图片　关于我

图 7-14　查看 header 的实时视图

7.1.3 在 HTML5 中编辑 figure

HTML5 新增加的插图 ▦ 图 ，包括两个元素，其中的 < figure > 标签规定独立的流内容（图像、图表、照片、代码等等），此内容应该与主内容相关，如果被删除，不会对文档流产生影响。< figcaption > 用来为图片添加说明，它不仅能包含文本，任何 HTML 元素都可以，比如链接、小图标。所插入的图像的 alt 文本是多余的，此时可以把 < img > 元素中的 alt 属性删除。

但是大多数浏览器会自动默认 < figure > 的属性值如图 7-15 所示。

如图 7-16 所示为插入图片后的默认浏览图，和修改 < figure > 的属性值为 "margin – left：0px" 后的浏览图。

```
figure {
    display: block;
    margin-top: 1em;
    margin-bottom: 1em;
    margin-left: 40px;
    margin-right: 40px;
}
```

图 7-15　figure 的默认属性

图 7-16　figure 默认和修改属性后的效果图

案例分解 2：插入侧边

（1）在设计视图或者拆分视图中，再插入一个 "Div"，命名其类为 "sidebar"，在其中插入 "图"，插入 "侧边"，再次插入一个 "列表项目"，并输入内容，如图 7-17 所示。

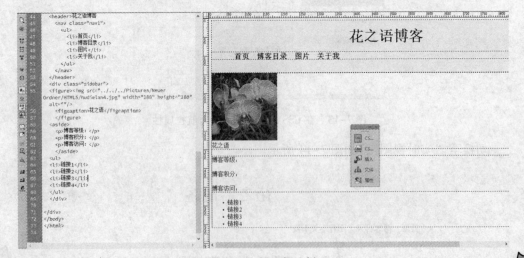

图 7-17　插入侧边栏

（2）在 CSS 设计器中设置 sidebar 的属性，如图 7-18 所示。

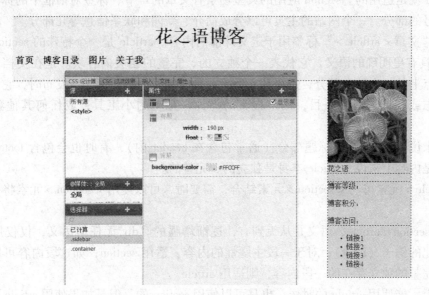

图 7-18　在 CSS 设计器中设置侧边栏属性

设置 figcaption 的文本为居中，并设置 figure 的属性，如图 7-19 所示。

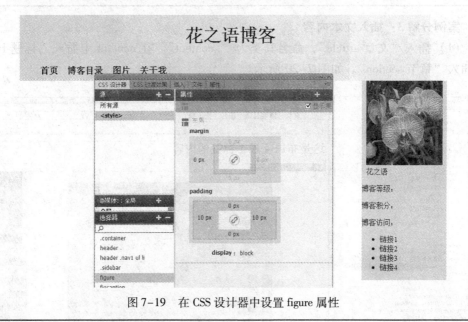

图 7-19　在 CSS 设计器中设置 figure 属性

7.1.4　HTML5 中的 article 和 section

HTML5 新增加的插入"章节 < section >"标签用来定义文档中的节（section、区段）。比如章节、页眉、页脚或文档中的其他部分。

与 div 的无语义相对，section 就是带有语义的 div。section 表示一段专题性的内容，一般会带有标题。

section 不仅仅是一个普通的容器标签。一般来说，当元素内容明确地出现在文档大纲中时，section 就是适用的。section 应用的典型场景有文章的章节、标签对话框中的标签页或者论文中有编号的部分。一个网站的主页可以分成简介、新闻和联系信息等几部分。

插入"文章＜article＞"标签用于定义外部的内容。article 是一个特殊的 section 标签，它比 section 具有更明确的语义，它代表一个独立的、完整的相关内容块。是在文档、页面、应用或是站点上的一个独立部分，是可独立分配或是重复使用的，例如在发布时，它可以是论坛帖子，杂志或新闻，博客条目，用户提交的评论，互动的小工具，或任何其他独立项目的内容。

一般来说，article 会有标题部分（通常包含在 header 内），有时也会包含 footer。无论从结构上还是内容上来说，article 本身是独立的、完整的。

＜article＞元素可与＜section＞元素结合，需要时，可以使用＜section＞元素将文章分为几个段落。

Div、section、article，语义是从无到有，逐渐增强的。div 无任何语义，仅仅用作样式化或者脚本化的钩子（hook）；对于一段主题性的内容，适用 section；如这段内容可以脱离上下文，作为完整的独立存在的一段内容，则适用 article。

原则上，能使用 article 的时候，也是可以使用 section 的，但是如果使用 article 更合适，那么就不必使用 section。nav 和 aside 这两个标签也是特殊的 section，在使用 nav 和 aside 更合适的情况下，则不必使用 section。

案例分解 3：插入文本内容

（1）插入"文章 article"，命名其类为".content"。在 content 中插入"标题 H1"，再插入"章节 section"。如图 7-20 所示。

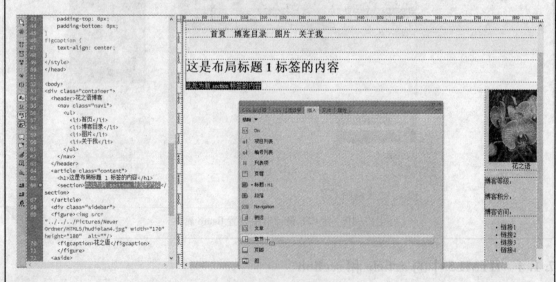

图 7-20　插入文章

（2）在 section 中插入"标题 H2"和"段落 P"，然后将此段 section 复制，或者重复再插入一个 section，标题 H2 和段落 P，如图 7-21 所示。

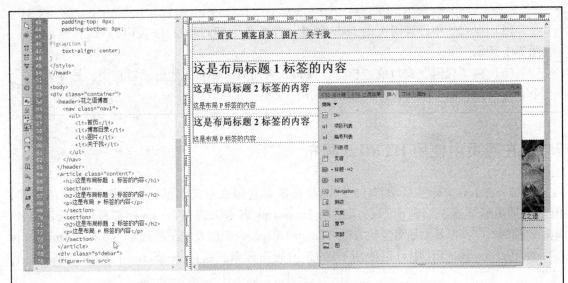

图7-21 插入章节

(3) 在 CSS 中为类 content 设置属性，宽度为 770px，上下填充为 10px，左浮动，display 为 block。设置标题 H1 的填充 padding 为左右 15px，同样设置标题 H2 和段落 P。在 H1、H2 和段落 P 处输入相应的内容。

注意： 如果元素包含浮动元素，那么浮动元素不参与高度计算。即包含它们的元素的高度会被计算成 0。

(4) 插入"页脚 footer"，在 CSS 中设置其属性如图7-22 所示。

图7-22 在 CSS 设计器中设置 footer 属性

（5）在 CSS 中设置网页的 body 属性，背景色为#999999。按〈F12〉键预览，如图 7-1 所示。

（6）在"代码"窗口或"拆分"窗口，将所有＜style＞代码元素复制，另存为一个.css 文件，便可以用于更多的网页调用。

7.2　在网页中使用 HTML5 画布

画布＜canvas＞标签是 HTML5 中的新标签。它用来定义图形，比如图表和其他图像，但它只是图形容器，绘制图形必须使用 JavaScript 脚本来进行。canvas 拥有多种绘制路径、矩形、圆形、字符以及添加图像的方法。Internet Explorer 8 以及更早的版本不支持＜canvas＞标签。在 Dreamweaver CC 中可以使用 HTML5 的画布元素，通过 JavaScript 代码来对画布进行操作。

7.2.1　插入画布并设置画布属性

画布元素默认宽300px，高150px，可以通过 CSS 或者属性面板来设置它的宽度和高度等属性。

在 Dreamweaver CC 的 HTML5 文档中，选择"插入"菜单中的"画布"命令；或者打开"窗口"→"插入"面板，选择"常用"→"画布"，可以插入画布。

在画布的属性面板中可以规定画布的 ID，设置其宽度和高度。例如设置画布宽度为200px，高度为100px，打开 CSS 设计器，添加选择器，在 CSS 中设置画布的边框宽度为1px，样式为 solid，实时视图会出现一个相应的矩形，如图 7-23 所示。

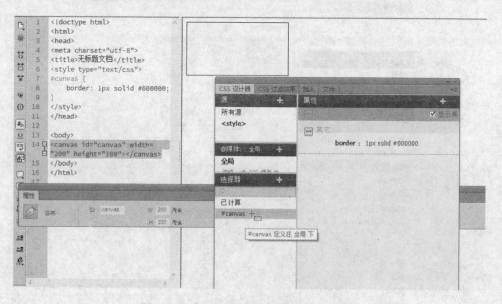

图 7-23　在 CSS 设计器中设置画布的属性

126

7.2.2 在画布中使用 JavaScript 绘图

canvas 元素本身没有绘图能力，所有的绘制工作必须在 JavaScript 内部完成。用 JavaScript 在画布中画出一个宽 150 高 70 的红色矩形，如图 7-24 所示。

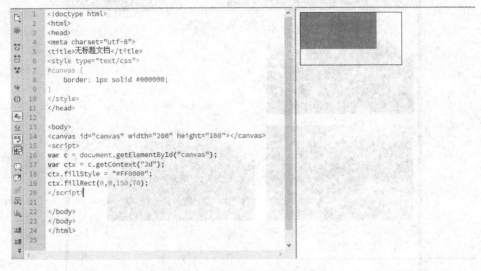

```
1    <!doctype html>
2    <html>
3    <head>
4    <meta charset="utf-8">
5    <title>无标题文档</title>
6    <style type="text/css">
7    #canvas {
8        border: 1px solid #000000;
9    }
10   </style>
11   </head>
12
13   <body>
14   <canvas id="canvas" width="200" height="100"></canvas>
15   <script>
16   var c = document.getElementById("canvas");
17   var ctx = c.getContext("2d");
18   ctx.fillStyle = "#FF0000";
19   ctx.fillRect(0,0,150,70);
20   </script>
21
22   </body>
23   </body>
24   </html>
25
```

图 7-24　在画布中画红色矩形

提示：可以在开始标签和结束标签之间放置文本内容："您的浏览器不支持 canvas 标签。" 这样老的浏览器就可以显示出不支持该标签的信息。

（1）找到 canvas 元素。在 JavaScript 中，使用 id 通过 getElementById( );来寻找 canvas 元素，`var c = document.getElementById("canvas");`。

（2）创建绘制对象 context。getContext("2d")对象是内建的 HTML5 对象，拥有多种绘制路径、矩形、圆形、字符以及添加图像的方法，`var ctx = c.getContext("2d");`。

（3）在画布上进行绘制。用 fillStyle 方法设置绘制对象的颜色（默认色为黑色#000000），`ctx.fillStyle = "#FF0000";`，可以是 CSS 颜色，可以是渐进色，也可以是一个模式图案的颜色。

HTML5 中的画布是一个二维坐标，fillRect(x, y, width, height)设置绘制对象的形状、位置和尺寸，x 和 y 定义绘制对象的起始点，width 和 height 定义绘制对象的宽度和高度，`ctx.fillRect(0,0,150,70);`即起始于左上角（0,0），在画布上绘制 150px × 75px 的矩形。

7.2.3 在画布中显示图像

最常见的在 canvas 上画图的方法是使用 Javascript Image 对象。所支持的来源图片格式依赖于浏览器的支持，一些典型的图片格式（png，jpg，gif 等）基本上都没有问题。

使用方法 drawImage(image,x,y)可以在画布上画一幅图，x 和 y 坐标是图像的起始位置，相对于其左上角来判断的。使用这种方法，图像可以简单地以其原尺寸被画在画布上。

通过 var img = document. getElementById("imageid")，可以将 ID 号为 imageid 的图片从已

经加载到文档的元素中抓取；也可以通过 var img = new Image ( ) 按照需要即时创建一个图片，然后通过 img. src = "image. png" 来获取图片 image. png。

例1：用两种不同的画图方法画图，如图 7-25 所示。

图 7-25　画布中两种画图方法的使用

在 HTML5 中插入 id 为"rose"的图片，然后插入两次画布，在属性面板中设置其 ID 为 canvas1，canvas2，并设置其 CSS 属性，如图 7-26 所示。

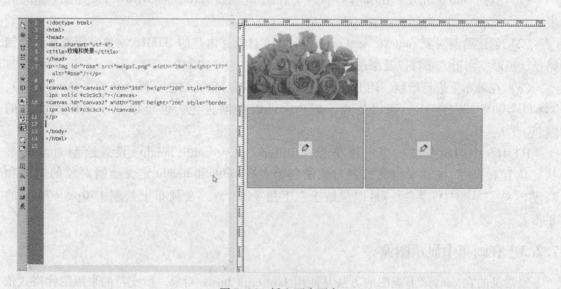

图 7-26　插入两个画布

在第一个画布中创建一个图片，然后获取所需图片；在第二个画布中将文档中 ID 为"rose"的图片抓取过来。编写 Script 代码如图 7-27 所示。

```
1   <!doctype html>
2   <html>
3   <head>
4   <meta charset="utf-8">
5   <title>玫瑰和美景</title>
6   </head>
7   <p><img id="rose" src="meigui.png" width="284" height="177"
    alt="Rose"/></p>
8   <p>
9   <canvas id="canvas1" width="300" height="200" style="border:
    1px solid #c3c3c3;"></canvas>
10  <canvas id="canvas2" width="300" height="200" style="border:
    1px solid #c3c3c3;"></canvas>
11  </p>
12
13  <script type="text/javascript">
14
15  var c=document.getElementById("canvas1");
16  var cxt=c.getContext("2d");
17  var img=new Image()
18  img.src="meijing.png"
19  cxt.drawImage(img,0,0);
20
21  var c=document.getElementById("canvas2");
22  var cxt=c.getContext("2d");
23  var img = document.getElementById("rose");
24  cxt.drawImage(img,0,0);
25
26  </script>
27
28  </body>
29  </html>
30
```

图 7-27　在画布中画图的代码

按〈F12〉键预览如图 7-25 所示。

7.2.4　在画布中处理图像

在画布中画出的图像也可以使用重载函数 drawImage，对图片进行缩放和调整尺寸，将图片变换为所希望的宽度和高度。

drawImage(image, x, y, width, height) 函数为：在画布上画一幅宽度和高度为设定值的图，x 和 y 坐标是图像的起始位置。

例2：画一个比原图小、一个不同长宽比和一个比原图大的图片。如图 7-28 所示。

图 7-28　将原图进行不同处理后的效果

在 HTML5 中插入 id 为 "rose" 的图片，然后插入画布，在属性面板中设置其 ID 为 canvas1，并设置其 CSS 属性，如图 7-29 所示。

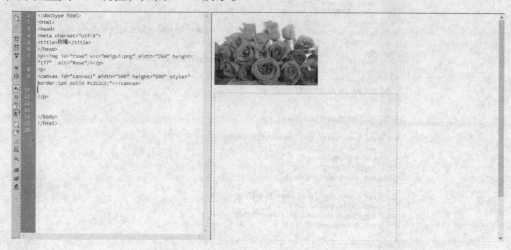

图 7-29　在 HTML5 中插入图片和画布

编写 Script 代码如图 7-30 所示。

```
1   <!doctype html>
2   <html>
3   <head>
4   <meta charset="utf-8">
5   <title>玫瑰</title>
6   </head>
7   <p><img id="rose" src="meigui.png" width="284" height=
    "177"  alt="Rose"/></p>
8   <p>
9   <canvas id="canvas1" width="500" height="500" style="
    border:1px solid #c3c3c3;"></canvas>
10
11  </p>
12
13  <script type="text/javascript">
14
15  var c=document.getElementById("canvas1");
16  var cxt=c.getContext("2d");
17  var img = document.getElementById("rose");
18  cxt.drawImage(img,0,0,100,100);
19  cxt.drawImage(img,100,100,200,50);
20  cxt.drawImage(img,150,150,200,300);
21
22  </script>
23
24  </body>
25  </html>
26
```

图 7-30　处理图像的 script 代码

按〈F12〉键预览如图 7-28 所示。

7.2.5　在画布中裁剪图像

在画布中，还可以从原图中取出一个矩形区域，对其进行裁剪，得到所需要的图像。一般图像的裁剪会在服务端进行，但是图片传送要消耗较多的流量。利用 HTML5 的 canvas，可以在浏览器端以比较简单的方式来实现。

drawImage（image, sourceX, sourceY, sourceWidth, sourceHeight, destX, destY,）函数定义为：

在原图中以（sourceX，sourceY）坐标开始截取一个矩形区域，其宽和高分别为（sourceWidth，sourceHeight），在画布中以（destX，destY）坐标开始放置矩形区域的图片，并将其宽和高重新定义为（destWidth，destHeight）。

例3：从原图中截取相同部分图片，在三个不同的坐标点，以不同比例显示在画布中，如图 7-31 所示。

在 HTML5 中插入 ID 为"rose"的图片，然后插入画布，在属性面板中设置其 ID 为 canvas1，并设置其 CSS 属性，在如图 7-29 所示。

编写 script 代码如图 7-32 所示。

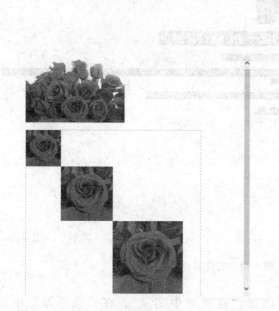

```
1   <!doctype html>
2   <html>
3   <head>
4   <meta charset="utf-8">
5   <title>玫瑰</title>
6   </head>
7   <p><img id="rose" src="meigui.png" width="284"
    height="177"  alt="Rose"/></p>
8   <p>
9   <canvas id="canvas1" width="500" height="500"
    style="border:1px solid #c3c3c3;"></canvas>
10
11  </p>
12
13  <script type="text/javascript">
14
15  var c=document.getElementById("canvas1");
16  var cxt=c.getContext("2d");
17  var img = document.getElementById("rose");
18
19  cxt.drawImage(img,90,90,100,100,0,0,100,100);
20  cxt.drawImage(img,90,90,100,100,100,100,150,150);
21  cxt.drawImage(img,90,90,100,100,250,250,200,200);
22
23  </script>
24
25  </body>
26  </html>
27
```

图 7-31　在不同的坐标点以不同比例显示图片　　　　图 7-32　裁剪图像的 script 代码

按〈F12〉键预览如图 7-31 所示。

7.3　上机实训

（一）内容要求

学习应用 HTML5 结构和 CSS 制作网页，效果如图 7-33 所示。

图 7-33　网页效果

（二）技术要求

熟悉使用 HTML 结构，进一步掌握 CSS 设计器。

（1）运行 Dreamweaver，新建一个 HTML 网页，命名为 Mycsspage. html。选择"窗口"→
"插入"面板，选择"结构"，插入"列表项目"、"标题 1"和"段落"等，打开"拆分"视
图，相应代码显示在代码窗口，如图 7-34 所示。

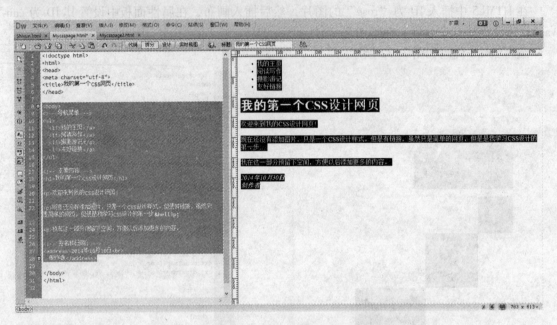

图 7-34　插入相应的文本

（2）在"CSS 设计器"的"源"窗口添加"在页面中定义"，在"选择器"中添加
"body"，定义在全局下，代码窗口中自动添加对文档的样式设置语句。如图 7-35 所示。

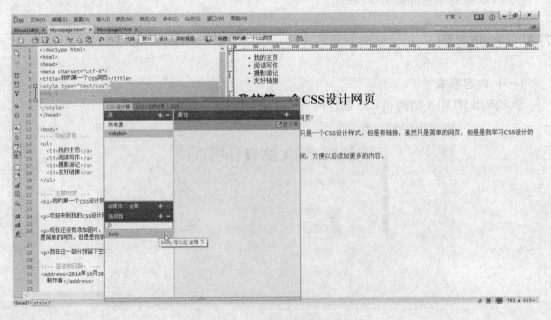

图 7-35　通过 CSS 设计器设计属性

（3）在"CSS 设计器"中为"body"设置属性，布局中定义其填充为左边距 150px，顶部边距为 10px；定义文本颜色为#990099，背景颜色为#D8DA3D；则在代码窗口自动添加相应代码，设计窗口也显示其相应结果，如图 7–36 所示。

图 7–36　定义 body 的全局文档属性

（4）继续添加选择器"body h1"，并为标题 1 设置各种属性。

（5）在"选择器"中添加"ul"，对导航栏进行设置。文本的行高设为 30px，布局的宽度设置为 100px，位置设定为 absolute 绝对位置，左边距 0px，上边距 40px。设置导航栏中列表样式类型为"无"，即去掉各列表项前面的黑点符号。

按〈F12〉键预览，如图 7–37 所示。

图 7–37　预览效果一

（6）在"选择器"中添加"ul li"，对导航栏各列表项进行设置。上边距 5px，右边距 0；右边框为 10px，solid black 黑色；填充顶部边距为 2px；背景为白色#FFFFFF。

按〈F12〉键预览，如图 7–38 所示。

图 7-38　预览效果二

（7）为导航栏的各个选项添加链接，在"选择器"中添加"ul a"，设置导航栏中文本修饰为"无"，即当有链接时，链接所产生的列表项不显示下划线。

继续在"选择器"中添加"a:link"，设置访问链接前文本颜色为蓝色#3300CC；添加"a:visit"访问链接后文本颜色为紫色#990099。

（8）在"选择器"中添加"body address"，对"签名和日期"进行设置。设其上边距为10px，填充顶部边距为10px，边框顶部宽度为thin，样式为点式dotted，按〈F12〉键预览，如图7-33所示。

返回到"代码"或"拆分"窗口，在代码窗口中同时生成相应的style代码。如图7-39所示。

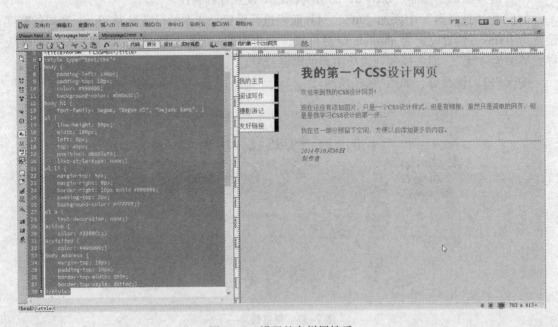

图 7-39　设置签名栏属性后

（9）打开"文件"下拉菜单中的"新建"命令，新建一个CSS文件，命名为MyCss.css，将上图所示html文件的代码窗口中所有<style>元素复制，如图7-40所示。

图 7-40　创建 CSS 文件

（10）删除 HTML 文件代码窗口中所有 < style > 元素，恢复其为未使用 CSS 设计器时状态。重新打开 CSS 设计器，在"源"窗口中选择"附加现有的 CSS 文件"，将 MyCss. css 添加到 html 文件中，在代码窗口中增加了链接语句 < link href = "MyCss. css" rel = "stylesheet" type = "text/css" >。保存 HTML 文件，按〈F12〉键预览，效果如图 7-33 所示。

7.4　习题

一、填空题

1. 在 Dreamweaver CC 的 HTML5 文档中，插入画布时，在实时视图中出现的是一个_____。

2. 插入的画布 canvas 元素本身没有绘图能力，所有的绘制工作必须在_____内部完成。

3. 在 HTML5 中播放音频和视频时，需要音频源视频源和_____属性。

二、简答题

1. 简述 Div、section 和 article 的区别，分别在哪种情况下应用。

2. 思考"插入"→"结构"→"图"和"插入"→"图像"有什么区别。

3. 可以通过哪两种方法插入画布？

4. 在画布中绘制图片时，可以通过哪两种方法？

第 8 章　Div + CSS 网页布局

Web 标准也就是常说的 Div + CSS，一般用来设计网页布局。在第 6 章中已经详细介绍了 CSS 的特性和使用方法，通过使用 CSS 可以非常灵活地控制页面的确切外观。使用 CSS 除了可以设置文本格式外，还可以控制网页页面中块级元素的格式和定位。所谓块级元素是指一段独立的内容，在 HTML 中通常由一个新行分隔，并在视觉上设置为块的格式。例如，h1 标签、p 标签和 Div 标签都在网页页面上产生块级元素。对块级元素进行操作的方法实际上就是使用 CSS 进行页面布局设置的方法。本章介绍如何使用 Div 元素结合 CSS 来实现网页布局。

8.1　基本知识介绍

8.1.1　Web 标准的构成

Web 标准也称为网站标准，但它不是某一个标准，而是一系列标准的集合。通常所说的 Web 标准一般指进行网站建设时所采用的基于 XHTML 语言的网站设计语言。网页主要由三部分组成：结构（Structure）、表现（Presentation）和行为（Behavior）。因此，对应的标准也分为三方面：结构化标准语言，表现标准语言，行为标准。

结构化标准语言主要包括 HTML、XHTML 和 XML。对于 XML 而言，目前推荐遵循的是 W3C 于 2000 年 10 月 6 日发布的 XML1.0。表现标准语言主要包括 CSS（层叠样式表）。使用 CSS 的主要优点是，可以将样式和结构分离，为网页提供了便利的更新功能。目前 CSS2.1 是 W3C 正在推荐使用的。行为标准主要包括对象模型（如 W3C DOM）、ECMAScript 等。其中，DOM 称为文档对象模型，是一种 W3C 颁布的标准，主要用于对结构化文档建立对象模型，从而使用户可以通过程序语言来控制其内部结构。而 ECMAScript 是 ECMA 制定的标准脚本语言，目前遵循的是 ECMAScript – 262 标准。

在一系列 Web 标准中，典型的应用模式是 Div + CSS。当使用 Div + CSS 的结构进行页面设计时，浏览器对网页的解析速度大大提高，而且代码量也大幅降低。因此，遵循 Web 标准，可以使网页设计开发更为简便快捷。

8.1.2　表格布局和 Div + CSS 布局

第 4 章中已经详细介绍了利用表格制作页面的方法和步骤。表格布局的优点是使用方法比较简单，利用表格元素的无边框特性，只需将页面内容按照行和列进行拆分，再将各个元素放入表格的单元格中，即可以实现版面布局，简单快捷。但是在设计网页时，为了使页面更加丰富美观，不仅需要设置各个单元格的属性，还常常需要加入大量的图片和文字，最后生成的代码量很大。因此当页面布局需要调整时，往往都要重新制作表格，尤其是当有很多页面需要修改时，工作量非常繁重。

Div + CSS 布局又称 CSS 布局，其中，Div 负责布局，即将网页进行"分块"或者"分层"；CSS 负责控制，即使用 CSS 来定义网页中各块及元素的样式，例如背景效果、元素的边框位置、文字的大小和颜色等。正所谓，先用 Div 大处布局，然后再用 CSS 细节点缀。这种布局方式不仅可以大大地减少网页代码，而且可以将页面的结构与表现形式分离开来，从而使其比表格布局更加简单、更加灵活地定义和控制页面版式和样式。

8.1.3　可视化盒模型

盒模型（Box Model）是 CSS 的核心知识点之一，它指定元素如何显示以及如何相互交互。在 CSS 中，页面上的每个元素都被描绘成一个矩形盒子，这些矩形盒子由标准盒模型描述和定义。根据 W3School 上对于盒模型的规定，每个盒子由元素的内容、内边距、边框和外边距组成。如图 8-1 所示。

其中，元素框内是实际的内容，内边距出现在内容区域的周围。若给元素添加背景，那么背景应用在由元素的内容和内边距组成的区域。一般，通过定义元素的内边距来区分元素内容和背景。内边距的边缘是边框。添加边框会在内边距区域外边增加一条线，在 CSS 中可以定义这些线的样式和宽度，如实线、虚线等。边框以外是外边距，外边距默认是透明的，因此通常使用它控制元素之间的间隔。

在 CSS 中，元素的内边距、边框和外边距都是可选的，默认值是零，它们均可以应用于一个元素的所有边，也可以应用于单独的边。通过设置 width 和 height 的值可以定义元素内容的宽度和高度，而增加元素的内边距、边框和外边距不会影响内容区域的大小，但是会增加元素框的总尺寸。在标准盒模型中，盒子的实际宽度计算方法为：

实际宽度 = 左外边距 + 左边框 + 左内边距 + 宽度 + 右内边距 + 右边框 + 右外边距

实际高度 = 上外边距 + 上边框 + 上内边距 + 高度 + 下内边距 + 下边框 + 下外边距

假设有一个元素内容的宽度 × 高度为 200px × 150px，定义全部外边距为 10px，全部边框为 5px，上、下内边距为 10px，左、右内边距为 5px，如图 8-2 所示。

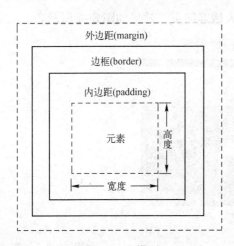

图 8-1　盒模型

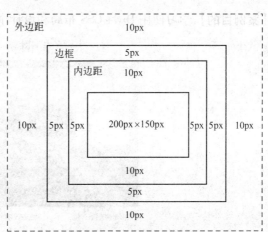

图 8-2　元素的盒子属性

根据上述计算方法，结合图中给定的盒子属性的各个数值，可以算得：

实际宽度 = 10px + 5px + 5px + 200px + 5px + 5px + 10px = 240px

实际高度 = 10px + 5px + 10px + 150px + 10px + 5px + 10px = 200px

这表示，为了使这个元素适应这个页面，需要一个至少 240px 宽度和 200px 高度的区域。如果可用的区域小于这个，这个元素会错位，或者溢出它的包含块。

在盒模型的实际应用中还有一个难点，即外边距的叠加效应，这里仅做简单的介绍。通过上面的例子可以了解如何计算元素所需区域大小。需要注意的是在实际应用中，纵向的无定位元素的相邻外边距会叠加，其数值为其中一个较大的外边距的值，而并非两者之和。这就意味着当两个元素相邻，计算需要存放一个元素的实际区域大小时，并不是从外边距的边缘开始算起，由于只有最宽的外边距会生效，因此较窄的外边距会因为与较宽外边距的叠加在一起而被"吞掉"。具体过程如图 8-3 所示。

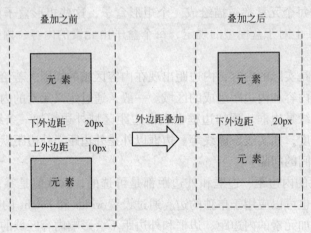

图 8-3　外边距的叠加效应

深刻理解盒模型的概念，掌握正确的计算方法，在设计网页中会避免很多错误。

8.2　案例：用 Div + CSS 布局设计网页

【案例目的】学习使用 Div + CSS 布局和设计个人博客网页，效果如图 8-4 所示。

图 8-4　个人博客效果图

138

【核心知识】掌握使用 div 标签对页面进行"分块"，并结合 CSS 样式控制编辑网页。

8.2.1　页面布局分析

在开始创建网页之前，首先需根据构思来规划一下页面的整体布局。通过仔细分析，图 8-4 中的页面大致可以分解成以下几个部分：

- 顶部部分，包含标题和导航栏。
- 主体内容部分，包含一张图片、侧边栏和主栏内容。
- 底部部分，包含一些版权信息。

根据以上分析，可以用如图 8-5 中所示的内容来表现整个页面的结构布局层次。

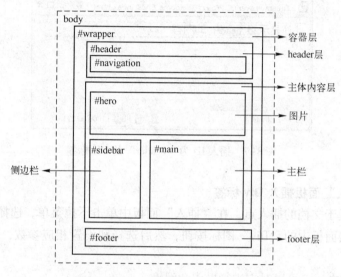

图 8-5　页面布局结构图

根据上图中的布局，使用 Div 标签来对页面进行"切割分块"。

8.2.2　插入和编辑 Div 标签

在 Div + CSS 网页布局中，通常使用 Div 标签对页面进行分层和分块。插入 div 标签可以有如下两种方法。

1. 使用主菜单插入 Div 标签

（1）在"文档"窗口中，将光标置于插入点处，打开"插入"菜单，选择"Div(D)"命令或者选择"结构"下拉菜单中的"Div(D)命令"。

（2）弹出如图 8-6 所示的对话框，并设置对话框中的各个选项。

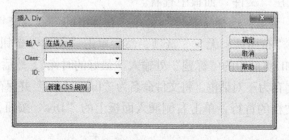

图 8-6　"插入 Div"对话框

- 插入：可用于选择 div 标签的位置，有 3 个菜单选择项，分别是"在插入点"、"在标签开始之后"和"在标签开始之前"。
- Class（类）：选择当前应用于标签的类样式。
- ID：用于定义 Div 标签的名称。每个标签的 ID 名称是唯一的，不允许有相同 ID 的元素同时存在。
- 新建 CSS 规则：打开"新建 CSS 规则"对话框。

（3）单击"确定"按钮，Div 标签则以一个框的形式出现文档中，并带有占位符文本，如图 8-7 所示。

图 8-7　插入 ID 为"header"的 Div 标签

2. 使用"插入"面板插入 Div 标签

（1）将光标置于文档的插入点，在"插入"面板中单击下拉菜单，选择"结构"命令。

（2）直接单击面板中的"Div"图标按钮，然后选择和设置相应参数，即一个 div 标签插入完毕。

插入 Div 标签之后，可以对它进行操作和编辑。

在 Div 标签中放置插入点以添加内容。在该标签边框内的任意位置单击，然后像在页面中添加内容那样，也可以在 Div 标签中插入其他元素。

更改 Div 标签中的占位符文本。选择该文本，然后在它上面输入内容或按〈Delete〉键。

8.2.3　网页布局之 Div "分分块"

对网页布局进行分析和对 Div 标签知识学习后，现在来对网页中的 Div 进行分块。在实际设计过程中，一般遵循的分块原则是：从上到下，从左到右。

（1）运行 Dreamweaver CC，根据第 2 章中介绍的方法创建站点，并为不同类型的素材创建不同的文件夹，如 passage 文件夹、image 文件夹和 CSS 文件夹等，然后保存在站点的根目录下。所有的文件可以在"文件"面板中查看。

（2）打开"文件"菜单，选择"新建"命令，在弹出的"新建文档"对话框中选择"空白页"→"HTML"→"布局：<无>"选项，然后单击"创建"按钮。

（3）在新建的 HTML 页面中的"标题"处输入"最好的时光"，然后选择"文件"菜单下的"保存"命令，弹出"另存为"对话框，将文件命名为"Index. html"并保存在站点的根目录下。

（4）将光标置于文档的首行，单击右侧插入面板上的"Div"按钮，在弹出的对话框中设置 ID 为"wrapper"。

（5）单击"确定"按钮，则一个带有占位符文本的 Div 标签出现在页面上，如图 8-8 所示。

（6）删除图 8-8 中的占位符文本，在右侧的插入面板中，单击"标题"按钮，单击前方图标右侧的三角下拉菜单，选择"HGroup"选项，如图 8-9 所示。

图 8-8　Div 标签"wrapper"及其占位符文本

图 8-9　插入标题

（7）在弹出的对话框中，设置 ID 为"header"，单击"确定"按钮。删除 ID"header"处的占位符文本，键入文本"最好的时光在路上"。在属性面板的"格式"选项中，选择"标题 1"，效果如图 8-10 所示。

（8）单击插入面板中的"Navigation"按钮，在弹出的对话框中设置各参数如图 8-11 所示，单击"确定"按钮。

图 8-10　插入完成一级标题

图 8-11　插入导航标签

（9）删除 ID"navigation"处的占位符文本，在插入面板中单击"ul 项目列表"按钮，则文档页面中会出现一个项目列表符号"■"，在其后输入文本"首页"，然后按〈Enter〉键，继续依次输入文本"途中随笔"、"游记攻略"、"照片墙"和"留言板"，效果如图 8-12 所示。

（10）继续插入 Div 标签，单击插入面板中的"Div"按钮，在弹出的对话框中设置参数，插入："在标签后"→"＜ Hgroup id ="header"＞"，ID："hero"，单击"确定"按钮。

（11）删除 id"hero"处的占位符文本，单击插入面板中的"文章"按钮，在弹出的对话框中设置参数，插入："在插入点"，其他选项保持空白，单击"确定"按钮。

（12）单击插入面板中的"侧边"按钮，在弹出的对话框中设置参数如图 8-13 所示。

（13）再次单击"文章"按钮，设置参数，插入："在标签后"，"＜ aside id ="sidebar"＞"，ID："main"，单击"确定"按钮。

（14）最后，单击插入面板中的"页脚"按钮，设置参数，插入："在标签后"→"＜ article id ="main"＞"，其他选项保持空白，单击"确定"按钮。

（15）保存文件，则页面的初步"分块"效果如图 8-14 所示。

图 8-12　插入导航效果图

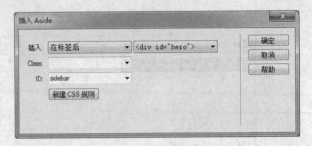

图 8-13　插入侧边

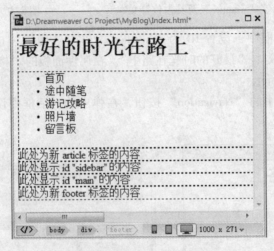

图 8-14　页面"分块"效果图

8.2.4　网页布局之"填填空"

通过使用 Div 标签对页面进行"分块"之后，向这些"块"中填充内容，如图片、文字、链接等等。

1. 插入文本

（1）将需要插入的文本提前保存在一个 word 文档中，然后将此文件存放在站点根目录下的 passage 文件夹中，在右侧的"文件"面板中可以查看，如图 8-15 所示。

（2）双击打开上图中的 word 文档，选择并复制所需的文本。在 Dreamweaver 的设计页面中，选中并删除"article"标签处的占位符文本。选择菜单栏中的"编辑"下拉菜单中的"选择性粘贴"命令，在弹出的对话框中设置粘贴为"带结构的文本"，如图 8-16 所示，单击"确定"按钮。

（3）若原 Word 文档中的文本带有结构格式，例如标题格式、段落、列表等，则被粘贴到 Dreamweaver 中的文本会保持原有结构格式。若原文本没有结构格式，则可以在 Dreamweaver 的设计页面中对文本进行设置。选中标题文本，在属性栏的"格式"菜单中选择"标题 2"，如图 8-17 所示。

图 8-15　查看文档文件

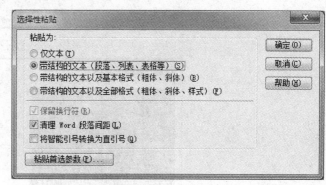

图 8-16　"选择性粘贴"对话框

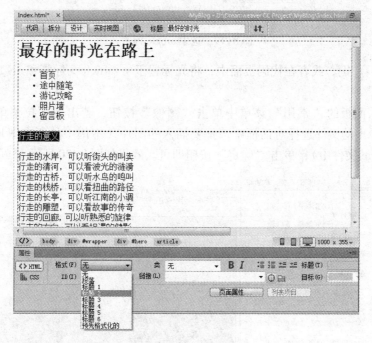

图 8-17　设置标题格式

（4）使用同样的方法分别为 ID "sidebar" 和 "main" 添加相应的文本。

（5）选中并删除 "footer" 标签处的占位符文本，单击插入面板中的 "段落" 按钮。然后选择插入面板中 "常用" 类别，插入 "版权"。在设计页面中的 "footer" 处会出现一个版权符号，将光标置于版权符号后，空格，继续输入文本 "Copyright Ricy 2015"，效果如图 8-18 所示。

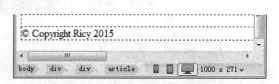

图 8-18　版权信息

（6）打开 "文件" 菜单，选择 "保存全部" 命令进行页面保存。

2. 插入图片

（1）将光标置于文本 "行走的意义" 处，在下方的 "标签选择器" 中单击 " < article > " 标签来选中此标签中的内容，如图 8-19 所示。

图 8-19　选中 article 标签

（2）按〈→〉键，或者在代码页面中，将光标置于 </article > 标签和 div hero 的结束标签 </div > 之间。

（3）在插入面板的"常用"菜单中单击"图像"按钮，若出现下拉菜单，则选择"图像"命令。在弹出的文件选择对话框中选择要插入的图片（本例中的所有图片都事前被保存在站点下的 image 文件中），单击"确定"按钮即可。效果如图 8-20 所示。

图 8-20　在文本后插入图片

（4）在上图所示的属性栏中，可以查看图片的基本信息，例如宽度 971px 和高度 608px。为了对图像进行灵活设计，删除此处宽度和高度值。在"替换"选项中，可以输入图片的描述信息，如"sunset on the road"。

（5）将光标移动到 ID"main"处标题之后的第一段文本处，与步骤（1）（2）中介绍的方法一样，在下方的"标签选择器"中单击"< p >"标签，按〈→〉键，将光标置于第一

段段落结束标签 </p> 和第二段段落开始标签 <p> 之间。

（6）在插入面板的"结构"菜单中单击"图"按钮，则设计页面上会出现相应的"图标签"和"图标签题注"的占位符文本，如图 8-21 所示。

图 8-21　图和题注的占位符文本

（7）删除图标签处的占位符文本，在插入面板的"常用"菜单中再次单击"图像"按钮，在弹出的对话框中选择要插入的图片文件，单击"确定"按钮。图片被插入到相应位置，同样在属性栏中删除图片的宽度和高度值，但不需要在"替换"选项中对图片进行描述。

（8）选中题注处的占位符文本，替换为"新皇宫广场"，保存页面。

3. 插入链接

（1）创建新网页。打开"文件"菜单，选择"新建"命令，在弹出的"新建文档"对话框中选择"空白页"→"HTML"→"<无>"，单击"创建"按钮。

（2）打开"文件"菜单，选择"保存"命令，将网页文件名命名为"Suibi. html"并保存在站点根目录下。

（3）同样的方法，新建另外三个网页文件，分别命名为"Gonglue. html"、"Zhaopian. html"和"Liuyan. html"，全部保存在站点根目录下，然后关闭所有新建的网页。

（4）在"Index. html"文件设计页面中，选中 ID "navigation"处的"途中随笔"文本，单击属性栏中"链接"选项右侧的文件夹图标，在弹出的对话框中，选择刚刚新建的"Suibi. html"文件，单击"确定"按钮，则页面中的"途中随笔"变为蓝色字体，下方带有蓝色下划线，同时标签栏中出现 <a> 便签，表明链接添加成功。

（5）用同样的方法，将"首页"链接到"Index. html"文件；"游记攻略"链接到"Gonglue. html"文件；"照片墙"链接到"Zhaopian. html"文件；"留言板"链接到"Liuyan. html"文件。

（6）打开"文件"菜单，选择"保存所有相关文件"命令进行保存。

（7）所有内容填充完毕，可以按〈F12〉键在浏览器中浏览，效果如图 8-22 所示。

图8-22　网页初步效果图

8.2.5　网页布局之CSS "美美容"

完成网页的雏形后，使用CSS样式来装饰美化网页，使页面布局更加和谐，看起来更加漂亮时尚。

（1）为了方便使用，选择当前工作环境为"扩展"模式，如图8-23所示。

（2）创建CSS文件。单击"源"右侧的加号"+"按钮，选择"创建新的CSS文件"，在弹出的对话框中单击"浏览"按钮，在弹出的新对话框中选择文件保存路径，文件名设为"main. css"，单击"保存"按钮，返回到上一级对话框，单击"确定"按钮，则新的CSS文件会出现在"源"面板中。

（3）创建选择器。单击选中"源"面板中的"main. css"文件，单击"选择器"面板右侧的加号"+"按钮，在出现

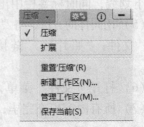

图8-23　设置工作环境模式

的"输入框"中输入"body",连续按两次〈Enter〉键确认。在"属性"面板中设置各个参数,如图8-24所示。

(4)添加选择器"#wrapper",设置属性参数如图8-25所示。

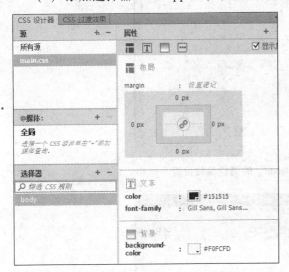

图8-24 选择器"body"的属性参数设置   图8-25 选择器"#wrapper"的属性参数设置

(5)添加选择器"#hero img",在布局选项中设置最大宽度(max-width)为100%。

为了使所制作的网页能适合在平板视图和桌面电脑视图中显示,通常先单击状态栏中的平板视图图标,再单击桌面电脑图标来调整图片的大小,如图8-26所示。

(6)添加选择器"h1,h2",设置其属性参数为:文本颜色#3399CC,字体类型为normal,字宽weight为600px。

(7)继续添加选择器"h1",设置属性参数如图8-27所示。

图8-26 状态栏视窗图标   图8-27 选择器"h1"的属性参数设置

(8)添加选择器"#sidebar",设置属性参数如图8-28所示。

(9)添加选择器"#main",设置属性参数,布局的宽度为58%,左边距margin为4%,左浮动。

(10)添加选择器"footer",设置属性参数如图8-29所示。

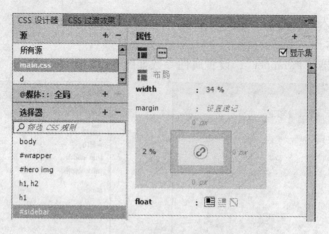

图 8-28　选择器 "#sidebar" 的属性参数设置

图 8-29　选择器 "footer" 的属性参数设置

　　（11）添加选择器 "figure"，在属性面板中的 "布局" 选项中，设置宽度 "width" 值为 200px。

　　此处的 width 值要根据所添加的图片的宽度像素进行设置，在本案例中由于添加的图片像素为 180px×180px，而后续需要对图片添加阴影效果，故此处设置的宽度比原图多 20px。

　　（12）添加选择器 "figcaption"，设置属性参数为布局的显示 disply 为 block，文本字体 weight 为 bold，字体大小为 14px，居中对齐。

　　（13）添加选择器 ". centered"（这是一个类，因此以 "."开头），在 CSS 设计器中的 "布局" 类型中，设置左右内边距（left and right margin）均为 "auto"。

　　（14）添加选择器 ". floatleft"，设置属性参数布局右边距 margin 为 10px，左浮动。

　　（15）添加选择器 ". floatright"，设置属性参数布局左边距 margin 为 10px，右浮动。

　　（16）添加选择器 "figure img"，设置属性参数如图 8-30 所示。

　　（17）将光标移到 "图注" 任意处，在 "标签栏" 选择右击 "figure" 选项，在弹出的菜单中选择"设置类"子菜单中的"centered"命令，如图8-31所示。这样，图片和图注就在#main 中位于居中位置了。

图 8-30　选择器"figure img"的属性参数设置　　　图 8-31　设置图片和图注居中

（18）选择"文件"菜单中的"保存所有相关文件"命令进行保存。

8.2.6　利用 CSS 创建导航栏

本小节将介绍如何使用 CSS 样式中的浮动特性来设计横向导航栏，也包括设置链接的访问，激活，定位和鼠标悬停等属性。

（1）选中源面板中的"main.css"文件，在选择器面板中添加新的选择器命名为"a"，设置属性参数如图8-32所示。

（2）添加选择器"a:link"，a 和冒号之间不能有空格，设置文本颜色为"#FF6600"。

（3）添加选择器"a:visited"，设置文本颜色为"#FF944C"。

（4）添加选择器"a:hover,a:active,a:focus"，设置属性参数如图8-33所示。

图 8-32　选择器"a"的属性设置　　　　图 8-33　选择器"a:hover,a:active,a:focus"
的属性设置

（5）添加选择器"#navigation ul"，设置属性参数布局边距均为 0，填充 padding 为 0，文本的 list-style-type 为 none。

（6）添加选择器"#navigation a"，设置属性参数如图8-34所示。

图 8-34　选择器"#navigation a"的属性参数设置

（7）新建组选择器"#navigation a：hover，#navigation a：active，#navigation a：focus，#navigation a. thispage"，设置属性参数如图 8-35 所示。

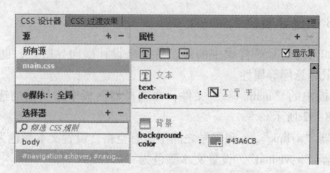

图 8-35　组选择器的属性参数设置

（8）将光标置于导航栏"首页"处，单击属性栏中"类"选择项右侧的倒三角按钮，在下拉菜单中选择"thispage"命令，如图 8-36 所示。

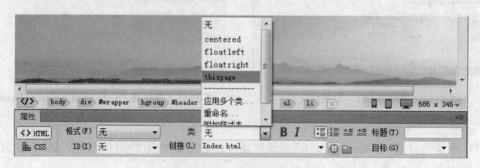

图 8-36　导航选项设置类属性

（9）选择"文件"菜单下的"保存所有相关文件"命令进行保存。

（10）按〈F12〉键在浏览器中浏览，效果如图8-37所示。

图8-37　导航栏效果图

8.2.7　绝对位置（Absolute Positioning）

利用绝对位置的特性来整合文字和图片，可使文字浮于图片之上。

（1）选中源面板中的"main.css"文件，在选择器面板中添加新的选择器命名为"#hero"，在"布局"选项中设置"position"属性为"relative"，设置"clear"属性为"left"。

（2）添加选择器"#hero article"，设置属性参数如图8-38所示。

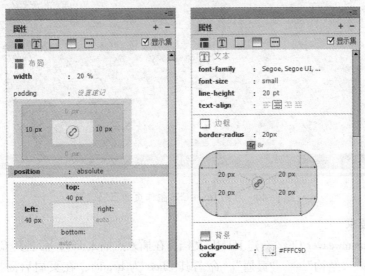

图8-38　选择器"#hero article"的属性参数设置

（3）添加选择器"#hero h2"，设置属性参数如图8-39所示。

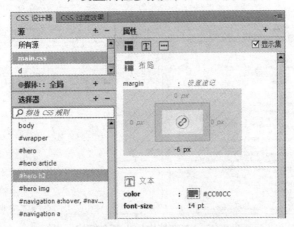

图8-39　选择器"#hero h2"的属性参数设置

（4）选择"文件"菜单下的"保存所有相关文件"命令，按〈F12〉键在浏览器中预览，如图 8-4 所示。

8.3　上机实训

项目：使用 Div + CSS 进行简单的页面布局

（一）内容要求

使用 Div + CSS 制作页面布局，效果如图 8-40 所示。

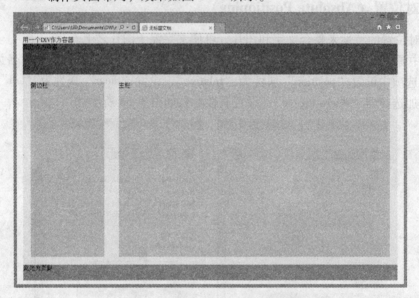

图 8-40　利用 Div + CSS 制作页面布局效果

（二）技术要求

（1）运行 Dreamweaver CC，新建 HTML 文档，在插入点插入 Div，命名其 Class 为 container；在 container 中插入"结构"→"页眉"，命名其 Class 为 header；在页眉后面插入"结构"→"文章"作为主栏，命名其 ID 为 content1；在 content1 后插入"结构"→"侧边"作为侧边栏，命名其 ID 为 content2；最后插入"结构"→"页脚"，命名其 Class 为 footer。如图 8-41 所示。

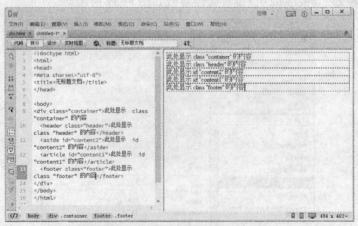

图 8-41　在文档中插入各个结构元素

（2）打开"窗口"菜单，选择"CSS 设计器"命令，在源窗格中添加"在页面中定义"，单击添加相应的选择器，如图 8-42 所示。

图 8-42　添加源和相应的选择器

（3）为页面中的各个结构元素定义 CSS 属性，container 选择器属性为：width：1000px，margin：0　auto，background：# CF3。header 选择器的属性为：height：80px，background：#0039F3。其他 3 个选择器属性设置如图 8-43 至 8-45 所示。

图 8-43　主栏选择器的属性

图 8-44　侧边栏选择器的属性

（4）切换到"实时视图"或者进行预览，效果如图 8-40 所示。

（5）在"拆分视图"中复制 CSS 属性，如图 8-46 所示，另存为一个 .css 文件，以备后续网页调用。

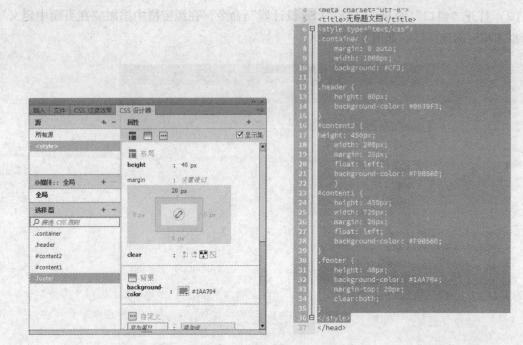

图 8-45　页脚选择器的属性　　　　　　　　图 8-46　将 CSS 属性复制另存

8.4　习题

一、填空题

1. 根据盒模型的规定，每个盒子由_____、_____、_____和_____组成。

2. 假设有一个元素内容的宽度×高度为 400px×300px，定义全部外边距为 5px，全部边框为 2px，上、下内边距为 5px，左、右内边距为 10px，则盒子的实际宽度为_____ px，实际高度为_____ px。

3. 在用 Div 标签对网页进行"分块"的时候，一般遵循_____原则。

二、简答题

1. 什么是 Web 标准？

2. 简述 Div + CSS 布局和表格布局的区别和各自的优缺点。

3. 简述盒模型中的外边框叠加效应。

第9章　jQuery Mobile

jQuery 是开源软件，是一套跨浏览器的 JavaScript 库，简化了 HTML 与 JavaScript 之间的操作，是目前最受欢迎的 JavaScript 库。它的语法设计使得许多操作变得容易，并给开发人员提供了在其上创建插件的能力。这使开发人员可以对底层交互与动画、高级效果和高级主题化的组件进行抽象化处理。

Dreamweaver CC 中有两个 jQuery 的子项目，其一是 jQuery Mobile，即基于 jQuery 的手机网页制作工具，jQuery Mobile 的网站上包含了网页的设计工具、主题设计工具，jQuery Mobile 的 js 插件包含了换页、事件等的多项功能；其二是 jQuery UI，即基于 jQuery 的用户界面库，包括拖放、缩放、对话框、标签页等多个组件。

9.1　案例 1：利用 jQuery Mobile 设计智能手机的网页

【案例目的】利用 jQuery Mobile 设计应用于 320×480 智能手机的网页，效果如图 9-1 所示，翻页如图 9-2 所示。

图 9-1　jQuery Mobile 制作的网页　　　　图 9-2　翻页效果

【核心知识】学习使用 jQuery Mobile 创建用于手机的网页。

9.1.1　创建 jQuery Mobile 起始页

jQuery Mobile 只用 HTML、CSS 和 JavaScript，这些技术都是所有移动 Web 浏览器的标准。jQuery Mobile 是创建移动 Web 应用程序的框架，适用于所有流行的智能手机和平板电脑，使用 HTML5 和 CSS3 通过尽可能少的脚本对页面进行布局。

jQuery Mobile 会自动为网页设计交互的易用外观，并在所有移动设计上保持一致。这样，就不需要为每种移动设备或 OS 编写一个应用程序。而 Android 和 Blackberry 用 Java 编写；iOS 用 Objective C 编写；Windows Phone 用 C#和 .net 编写。

在 Dreamweaver CC 中可以使用 jQuery Mobile 起始页创建应用程序，也可使用新的 HTML5

页开始创建 Web 应用程序。

jQuery Mobile 起始页包括 HTML、CSS、JavaScript 和图像文件，可用于设计应用程序。可使用 CDN 和自有服务器上承载的 CSS 和 JavaScript 文件，也可使用随 Dreamweaver 一同安装的文件。

1. 打开"文件"菜单，选择"新建"命令，选择"启动器模板"，示例文件夹中为"Mobile 起始页"，如图 9-3 所示。

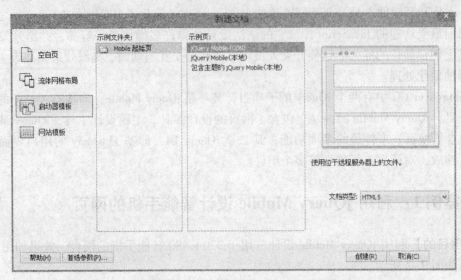

图 9-3　新建文档

在"示例页"中有 3 个选项：

"jQuery Mobile（CDN）"可以使用位于远程服务器上的文件。

CDN（内容传送网络）是一种计算机网络，所含的数据副本分别放置在网络中的多个不同点上。使用 CDN 的 URL 创建 Web 应用程序时，应用程序将使用 URL 中指定的 CSS 和 JavaScript 文件。默认情况下，Dreamweaver 使用 jQuery Mobile CDN。

此外，也可使用其他站点（如 Microsoft 和 Google）CDN 的 URL。在代码视图中，编辑 < link > 和 < script src >标签中指定 CSS 和 JavaScript 文件的服务器位置。

从 CDN 下载的文件为只读。

"jQuery Mobile（本地）"，可以使用位于本地磁盘上的文件。安装 Dreamweaver 时，会将 jQuery Mobile 文件的副本复制到计算机上。选择 jQuery Mobile（本地）起始页时所打开的 HTML 页会链接到本地 CSS、JavaScript 和图像文件。

"包含主题的 jQuery Mobile（本地）"，结合使用位于本地磁盘上的文件和分成结构和主题组件的 CSS 文件。即起始页使用单个 CSS 文件来指定主题和结构。

2. 选择"jQuery Mobile（本地）"，可以使用位于本地磁盘上的文件，单击"创建"按钮，创建一个新的文件，如图 9-4 所示。

3. 单击切换到"实时视图"，如图 9-5 所示。

可以通过按右箭头查看"第二页"、"第三页"和"第四页"的情况，并可通过按后退箭头 返回到原窗口。

4. 保存文件时，Dreamweaver 将所需 CSS 文件和 JavaScript 文件复制到该文件夹。如图 9-6 所示。

图 9-4　新建文档

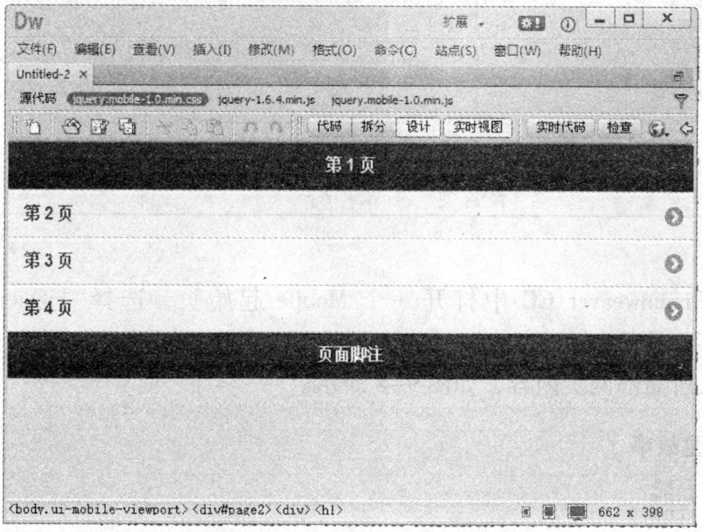

图 9-5　"实时视图"预览效果

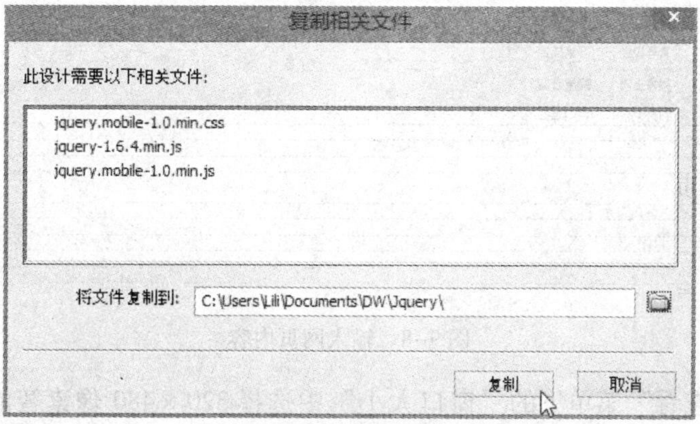

图 9-6　复制相关文件

5. 打开"查看"菜单，选择"窗口大小"命令，如图9-7所示，可以查看所做设计在各种尺寸的设备上的显示效果。

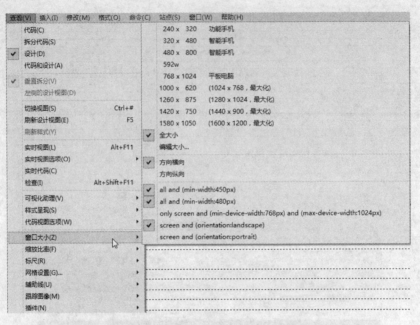

图9-7 选择查看在不同设备上的显示效果

案例分解：

（1）在 Dreamweaver CC 中打开一个 Mobile 起始页，选择"jQuery Mobile（本地）"，如图9-3所示，命名为 JQ1. html。

（2）输入所需的网页内容，如图9-8所示。

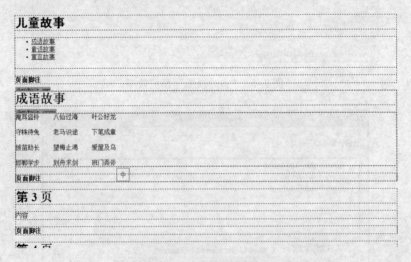

图9-8 输入网页内容

（3）在"查看"菜单下的"窗口大小"中选择 320×480 像素智能手机，切换到"实时视图"，则得到如图9-1所示效果。

9.1.2 jQuery Mobile 按钮

Dreamweaver CC 中的 jQuery Mobile 有一组非常有用的组件，使得开发者可以很方便地创建复杂的应用程序，一般在原生的 HTML 里面没有这些控件或者组件。在 Dreamweaver CC 中新建一个 html 文件并命名，在"插入"→"jQuery Mobile"的下拉菜单中，显示如图 9-9 所示的所有 jQuery Mobile 控件。

选择"页面"，并选择"查看"→"窗口大小"为 320×480 像素的智能手机，如图 9-10 所示。

图 9-9 jQuery Mobile 的组件   图 9-10 插入 jQuery Mobile 的页面组件

"标题"用于创建页面上方的工具栏，比如搜索按钮。

"内容"即用于定义页面的内容，比如文本、图像、表单和按钮等。

"脚注"用于创建页面底部的工具栏。

在这些容器中，都可以使用如图 9-9 中所示的各个组件。

注意：在添加 jQuery Mobile 组件时，必须先插入 jQuery Mobile 页面，组件才能应用到 jQuery Mobile 页面中。

通过重复插入"jQuery Mobile"→"页面"，可以在单一 HTML 文件中创建多个页面。但是要注意通过唯一的 ID 来分隔每张页面，并使用 href 属性来连接。

例 1：制作如图 9-11 所示的可相互转换的页面。

图 9-11 可转换页面

(1) 在 Dreamweaver CC 中新建一个空白 jq2. html 文件，选择窗口大小为 320×480 的智能手机，打开"插入"菜单，选择"jQuery Mobile"命令，在其子菜单中选择"页面"命令，弹出如图 9-12 对话框，在其中将 ID 命名为 page1。

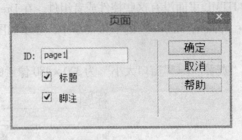

图 9-12　为插入的 jQuery Mobile 页面命名 ID

(2) 继续插入一个页面，为其命名为 page2。如图 9-13 所示。
(3) 在 page1 和 page2 中分别输入内容，如图 9-14 所示。

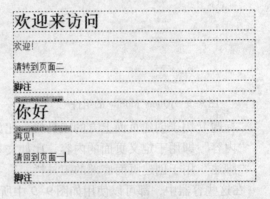

图 9-13　插入 2 个 jQuery Mobile 页面　　　　图 9-14　输入内容

(4) 在 page1 中选择"请转到页面二"，打开"属性"面板，在"链接"处输入"#page2"，如图 9-15 所示。

图 9-15　添加链接

用同样方法将 page2 中的"请回到页面一"链接到 page1。转换到"实时视图"，如图 9-11 所示。

(5) 对话框是用来显示信息或请求输入的常见视窗类型。如需在用户单击（轻触）链接时，对象不是一个页面，而是一个对话框，可以向该链接添加 data – rel = "dialog"。

转换到"代码"或者"拆分"视图，在页面 1 的链接处加上代码"data – rel ="dialog""，如图 9-16 所示，则将页面 2 定义对话框形式，切换到"实时视图"，如图 9-17 所示。

```
 9   <script src="jquery-mobile/jquery.mobile-1.0.min.js" type=
     "text/javascript"></script>
10   </head>
11
12   <body>
13   <div data-role="page" id="page1">
14     <div data-role="header">
15       <h1>欢迎来访问</h1></div>
16     <div data-role="content">
17       <p>欢迎!
18 ⊟     <p><a href="#page2" data-rel="dialog" >请转到页面二</a>
                      </div>
19     <div data-role="footer">
20       <h4>脚注</h4>
21     </div>
22   </div>
23   <div data-role="page" id="page2">
24     <div data-role="header">
25       <h1>你好</h1>
26     </div>
27     <div data-role="content">
28       <p>再见! </p>
29       <p><a href="#page1">请回到页面一</a></p>
30     </div>
31     <div data-role="footer">
32       <h4>脚注</h4>
33     </div>
34   </div>
35   <p> 
36   </body>
37   </html>
38
```

图 9-16 设置页面为对话框

例 2：将例 1 中的两个链接项改为如图 9-18 所示按钮。

图 9-17　页面转为对话框

图 9-18　使用按钮

jQuery Mobile 中的按钮会自动获得样式，增强了移动设备上的交互性和可用性。

（1）在 Dreamweaver CC 中插入 jQuery Mobile 的组件"按钮"，弹出如图 9-19 所示对话框。

● 按钮：选择添加的按钮数目。

● 按钮类型：有链接、按钮和输入 3 种。推荐使用链接类型，便于创建页面之间的链接；而按钮和输入两种类型用于表单提交。

● 输入类型：只有选择按钮类型为"输入"时，此选项才可用，分别为"按钮"、"提交"、"重置"和"图像" 4 种类型。

- 位置：组和内联，只有添加的按钮数目大于 1
  时，才可用。默认情况下，按钮会占据屏幕的
  全部宽度。如果需要按钮适应其内容，或者需
  要两个或多个按钮并排显示，选择内联，即为
  HTML 中的 data – inline = true。

布局分为垂直和水平，只有插入一组按钮时，才可
以选择布局的排列形式。默认情况下，组合按钮是垂直
分组的，彼此间没有外边距和空白。并且只有第一个和
最后一个按钮拥有圆角，组合后创造出漂亮的外观。

- 图标：jQuery Mobile 在 Dreamweaver CC 中可以
  自动为按钮添加不同的图标，如图 9–19 所示。
- 图标位置：选择图标后，可以为图标在按钮中选
  择位置，有"默认值"、"左对齐"、"右对齐"、
  "顶端"、"底部"或者"无文本"几种选择。

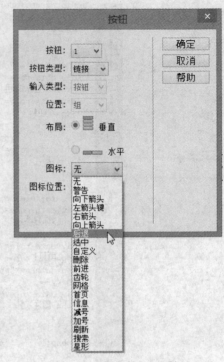

图 9–19　插入按钮对话框

（2）例 1 中，在页面 1 中"欢迎"下方插入一个
无图标链接按钮，命名为"请转到页面二"；页面 2
中"再见"下方插入一个图标为"后退"的链接按
钮，命名为"后退"。为两个按钮添加链接，并在代
码窗口为按钮增加属性 data – inline = "true"，使按钮的边距适应其内容，如图 9–20 所示。

```
12   <body>
13   <div data-role="page" id="page1">
14     <div data-role="header">
15       <h1>欢迎来访问</h1>
16     </div>
17     <div data-role="content">
18       <p>欢迎！</p>
19       <p> <a href="#page2" data-role="button">
       请转到页面二</a></p>
20     </div>
21     <div data-role="footer">
22       <h4>脚注</h4>
23     </div>
24   </div>
25   <p> 
26   <div data-role="page" id="page2">
27     <div data-role="header">
28       <h1>你好</h1>
29     </div>
30     <div data-role="content">
31       <p>再见！</p>
32       <p>  <a href="#page1" data-role="button"
     data-icon="back" data-inline="true">后退</a></p>
33     </div>
34     <div data-role="footer">
35       <h4>脚注</h4>
36     </div>
37   </div>
38   </p>
39   </body>
40   </html>
41
```

图 9–20　添加属性

切换到"实时视图",如图 9-18 所示。

例 3:制作如图 9-21 所示工具栏。

图 9-21　制作工具栏

(1)工具栏常被置于页眉或页脚中,以实现"已访问"的导航。

页眉通常可以包含页眉标题、LOGO 或一到两个按钮(通常是首页、选项或搜索按钮)。通过设置按钮的类名"ui-btn-left"、"ui-btn-right"可以在页眉中向左侧或右侧添加按钮。

页眉可包含一个或两个按钮,页脚没有限制。与页眉相比,页脚更具伸缩性,更实用且多变,能够包含所需数量的按钮。页脚与页眉的样式不同,它会减去一些内边距和空白,并且按钮不会居中。通过为页脚设置类名"ui-btn",将按钮设置为居中。

(2)创建一个空白 HTML 文件,命名为 JQ-gjl. html,插入 jQuery Mobile 页面,选择查看窗口为 480×800 像素手机大小,输入标题为"我的主页",标题前插入一个图标为首页的链接按钮,命名为"首页";标题后插入一个图标为搜索的链接按钮,命名为"搜索"。

选中"脚注",打开属性窗口,如图 9-22 所示,将其格式由"标题 4"改为"无"。

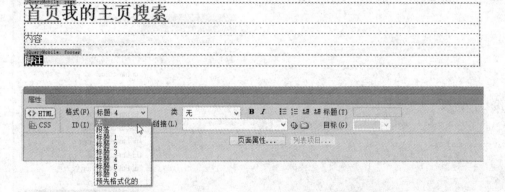

图 9-22　在属性面板中修改格式

(3)在"脚注"处输入一组 3 个图标为加号的链接按钮,并分别命名为"分享到 QQ 空间"、"分享到新浪微博"和"分享到微信",如图 9-23 所示。

(4)选中"首页"按钮,在属性窗口中设置其"类"为"ui-btn-left",如图 9-24 所示。

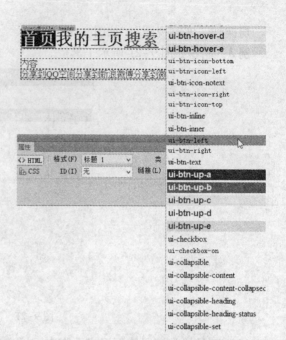

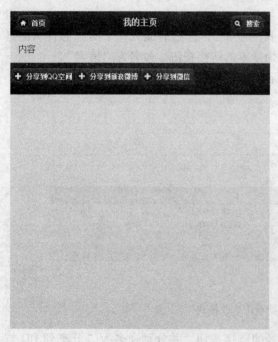

图 9-23　添加脚注　　　　　　　　　　　　图 9-24　在属性面板中设置类

（5）用同样方法，将"搜索"按钮的类设置为"ui-btn-right"。切换到"实时视图"，如图 9-25 所示。

（6）回到设计视图，选中页脚"footer"，在属性窗口中设置其"类"为"ui-btn"，如图 9-26 所示。

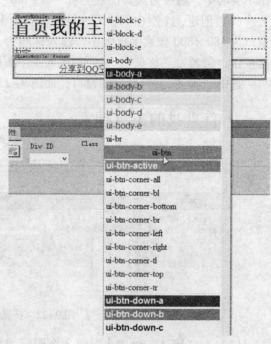

图 9-25　实时视图效果　　　　　　　　　　图 9-26　设置页脚

如果图"footer"在设计视图中不易选取，可以切换到"拆分"视图，选中"data-role="footer""，进行设置，如图 9-27 所示。

图 9-27　在代码窗口中设置页脚

设置后的代码中多出类名"ui－btn"，如图 9-28 所示。

```
1  <!doctype html>
2  <html>
3  <head>
4  <meta charset="utf-8">
5  <title>无标题文档</title>
6  <link href="jquery-mobile/jquery.mobile.theme-1.0.min.css" rel=
   "stylesheet" type="text/css">
7  <link href="jquery-mobile/jquery.mobile.structure-1.0.min.css" rel=
   "stylesheet" type="text/css">
8  <script src="jquery-mobile/jquery-1.6.4.min.js" type="text/javascript">
   </script>
9  <script src="jquery-mobile/jquery.mobile-1.0.min.js" type=
   "text/javascript"></script>
10 </head>
11
12 <body>
13 <div data-role="page" id="page1">
14   <div data-role="header">
15     <h1><a href="#" class="ui-btn-left" data-icon="home" data-role=
   "button">首页</a>我的主页<a href="#" class="ui-btn-right" data-icon=
   "search" data-role="button">搜索</a></h1>
16   </div>
17   <div data-role="content">内容</div>
18   <div class="ui-btn" data-role="footer">
19     <div data-role="controlgroup" data-type="horizontal"><a href="#"
   data-role="button" data-icon="plus">分享到QQ空间</a><a href="#"
   data-role="button" data-icon="plus">分享到新浪微博</a><a href="#"
   data-role="button" data-icon="plus">分享到微信</a></div>
20   </div>
21 </div>
22 </body>
23 </html>
24
```

图 9-28　设置代码后

（7）切换到"实时视图"，效果如图 9-21 所示。

9.1.3　jQuery Mobile 列表视图

例 4：创建通信录如图 9-29 所示，在搜索框中输入第一个字，则会过滤其他，只显示要搜索的内容。

（1）创建一个空白 HTML 文件，命名为 JQ－list. html，选择查看窗口为 320×480，插入 jQuery Mobile 页面，标题处输入"通信录"，在内容处插入 jQuery Mobile "列表视图"，弹出如图 9-30 所示对话框。

图 9-29　可搜索的通讯录

　　系统会默认地将列表中的各列表项自动转换为按钮，并自动在每个列表项中规定了链接。

　　在对话框中可以选择列表类型，无序（＜ul＞）还是有序（＜ol＞）。有序列表即在每个列表项前自动加入序号。

　　项目即所添加的列表项的数目，可以根据需要进行选择，也可以在页面中按〈Enter〉键重新添加。

　　凹入即为列表添加圆角和外边距，相当于 HTML 中的 data–inset＝"true" 属性；

　　文本说明可以为列表项加文字注释；

　　文本气泡用于显示与列表项相关的数目，例如邮箱中的消息数目；

　　侧边将列表项的内容置于右边侧。

　　拆分按钮则将列表各项以按钮的形式来显示，当选择拆分按钮时，按钮的图标也可以同时在如图 9-31 所示下拉菜单中选择。

图 9-30　jQuery Mobile "列表视图" 对话框

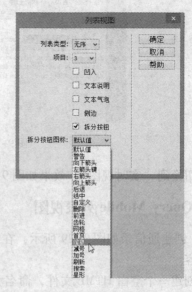

图 9-31　按钮图标选择

　　（2）选择项目为 9，凹入，输入联系人名称，如图 9-32 所示。

图 9-32　输入内容

选中"返回"按钮，在其属性窗口中设置按钮的类为"ui－btn－right"，将其设置在右侧，并设置相应的链接。

切换到"实时视图"如图 9-33 所示。

（3）在列表中添加搜索框，可以为网页添加搜索过滤器，切换到"代码"视图，在代码中添加"data－filter＝"true""，如图 9-34 所示。

图 9-33　实时视图　　　　　　　　　　　　图 9-34　添加搜索过滤器

切换到"实时视图"，效果如图 9-29 所示。

注： Dreamweaver CC 2014 版本中可以自动对列表各项按照字母顺序排序。

例 5： 制作如图 9-35 所示提醒日历。

（1）创建一个空白 HTML 文件，命名为 JQ－rl. html，插入 jQuery Mobile 页面，标题处输入"提醒日历"，在内容处插入 jQuery Mobile "列表视图"，选择列表类型为默认"无序"，选择项目为"3"，选择"凹入"、"文本说明"、"文本气泡"和"侧边"，如图 9-36 所示。

（2）在第二个列表项的标题、文本说明和侧边处分别输入"英语考试"、"在 9:30 提醒"和"阶梯教室 203"，删除文本气泡 1。如图 9-37 所示。

图 9-35　提醒日历

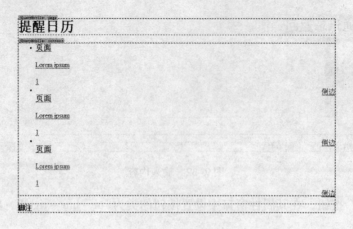

图 9-36　插入项目

图 9-37　输入内容

（3）用同样方法，在第三个列表项中输入"办公室会议"、"在 13:00 提醒"和"二楼会议室"，删除文本气泡 1。

在第一个列表项中输入标题日期"周三，12 月 3 日，2014 年"，删除文本说明和侧边，将文本气泡改为 2。如图 9-38 所示。

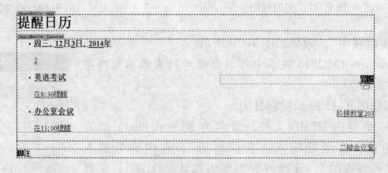

图 9-38　修改内容

切换到"实时视图"如图 9-39 所示。

（4）回到"设计"窗口，选中标题日期，在属性窗口中取消链接"#"，将格式的"标题3"改为"无"，如图 9-40 所示。同样取消文本气泡 2 的链接。

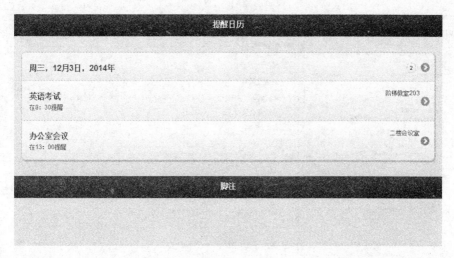

图 9-39　实时视图

图 9-40　修改属性

（5）使用列表分隔符（List Dividers）可以把第一个列表项设置为分隔项。通过为列表元素 < li > 元素添加 data – role = " list – divider" 属性来实现。切换到"代码"或"拆分"窗口，为列表元素添加该属性，如图 9-41 所示。

```
12  <body>
13  <div data-role="page" id="page3">
14    <div data-role="header">
15      <h1>提醒日历</h1>
16    </div>
17    <div data-role="content">
18      <ul data-role="listview" data-inset="true">
19        <li data-role="list-divider">
20  周三, 12月3日, 2014年
21          <p><span class="ui-li-count">2</span> </p>

22        </li>
23        <li><a href="#">
24          <h3>英语考试</h3>
25          <p>在8:30提醒</p>
26          <p class="ui-li-aside">阶梯教室203</p>
27        </a></li>
28        <li><a href="#">
29          <h3>办公室会议</h3>
30          <p>在13:00提醒</p>
31          <p class="ui-li-aside">二楼会议室</p>
32        </a></li>
33      </ul>
34    </div>
35    <div data-role="footer">
36      <h4>脚注</h4>
37    </div>
38  </div>
39  </body>
40  </html>
41
```

图 9-41　通过代码窗口添加属性

（6）在列表的下方插入 jQuery Mobile 组件的一个链接按钮，图标"后退"，命名为"返回"，在代码窗口输入"data – inline = " true ""，使按钮适应其内容，如图 9-42 所示。

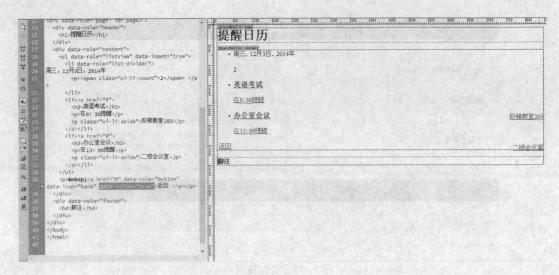

图 9-42　插入内容

选择查看窗口为 320×480，切换到"实时视图"，如图 9-35 所示。

9.1.4　jQuery Mobile 表单

jQuery Mobile 使用 CSS 设置，会自动为 HTML 表单添加优异的便于触控的外观，以使其更有吸引力更易用。

在 jQuery Mobile 中，可以使用的表单控件为：文本框、搜索框、单选框、复选框、选择菜单、滑动条和翻转切换开关等。

例 6：制作如图 9-43 所示表单，单击"提交"按钮，可将表单提交到目的地。

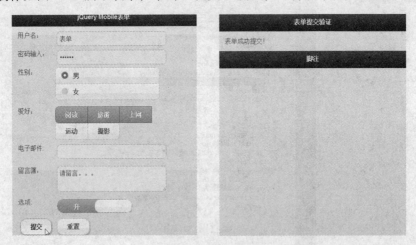

图 9-43　jQuery Mobile 表单

（1）创建一个空白 HTML 文件，命名为 JQ-bd.html，插入 jQuery Mobile 页面，ID 为 "page1"。在标题处输入"jQuery Mobile 表单"。在内容处分别插入 jQuery Mobile"文本"、"密码"；

插入"单选按钮"，在对话框中选择数目设为"2"，布局为"垂直"，将选项明名为"性别"，两个选项改为"男"和"女"；

插入"复选框",数目设为"5",布局为"水平";

插入"电子邮件"、"文本区域"、"翻转切换开关";

插入两个"输入"按钮,"输入类型"分别定义为"提交"和"重置",设置其"data - inline ="true""。如图 9-44 所示。

(2)为各选项修改命名,切换到"实时视图"如图 9-45 所示。

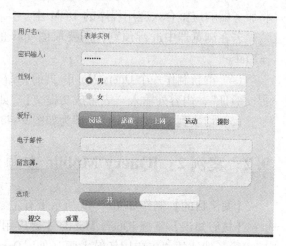

图 9-44 插入各选项

图 9-45 修改命名

(3)通过上述步骤制作完成表单的静态网页,若想进一步验证提交按钮,则需要为此表单添加 < form > 及其 method(提交方式为 post 还是 get)和 action(提交的目的地)属性。这样可以设置 submit 按钮将表单内容提交到上面 action = " " 所指向的页面或者函数调用,然后可以在相应的页面或函数里通过方法获取所传递的表单内容。

在"代码视图"中增加 < form > 属性,如图 9-46 所示。

```
6   <title></title>
    <link href="jquery-mobile/jquery.mobile.theme-1.0.min.css" rel="stylesheet"
    type="text/css">
7   <link href="jquery-mobile/jquery.mobile.structure-1.0.min.css" rel=
    "stylesheet" type="text/css">
8   <script src="jquery-mobile/jquery-1.6.4.min.js" type="text/javascript">
    </script>
9   <script src="jquery-mobile/jquery.mobile-1.0.min.js" type="text/javascript">
    </script>
10  </head>
11
12  <body>
13  <div data-role="page" id="page1">
14    <div data-role="header">
15      <h1>jQuery Mobile表单</h1>
16    </div>
17    <div data-role="content">
18    <form method="post" action
    ="file://C|/Users/Lili/Documents/DW/Jquery/JQ-bd-submit.html">
19      <div data-role="fieldcontain">
20        <label for="textinput">用户名: </label>
21        <input type="text" name="textinput" id="textinput" value="" />
22      </div>
23      <div data-role="fieldcontain">
24        <label for="passwordinput">密码输入: </label>
25        <input type="password" name="passwordinput" id="passwordinput" value=""
    />
26      </div>
27      <div data-role="fieldcontain">
28        <fieldset data-role="controlgroup">
29          <legend>性别: </legend>
30          <input type="radio" name="radio1" id="radio1_0" value="" />
31          <label for="radio1_0">男</label>
```

图 9-46 添加 form 属性

其中,method = "post"用于传递大量数据,在数据传递之前先将数据打包,这种传递数据的方式会比较慢,但是传递的数据都能正确解析,因此传中文不会有乱码。method = " get" 以

URL 传递数据，因为地址栏长度有限，所以对数据量有限制，而且传递的数据必须是 ASCII 码值范围内的，因此，传中文会有乱码，需做特殊处理；而且以 get 方式提交数据，会带来安全问题，比如一个登录页面，通过 get 方式提交数据时，用户名和密码将出现在 URL 上，所以表单提交建议最好使用 Post 方法。

在 jQuery Mobile 中提交表单时，jQuery Mobile 会自动通过 AJAX 进行表单提交，并会尝试将服务器响应整合入应用程序的 DOM 中。

若在浏览器中进行预览，需要取消 ajax 的作用，可在 form 中添加使用属性"data – ajax = "false""。

（4）重新制作一个 Query Mobile 页面，命名为 JQ – bd – submit. html，在标题处输入"表单提交验证"，内容处输入"表单成功提交！"如图 9-43 右所示。

（5）切换到"实时视图"，即为如图 9-43 所示表单及其提交效果。

9.2 案例 2：jQuery Mobile 主题

【案例目的】制作如图 9-47 所示带有主题的 jQuery Mobile 页面。

【核心知识】掌握 jQuery Mobile 主题应用。

除了默认的"未应用任何主题"外，Dreamweaver CC 还为 jQuery Mobile 提供了 5 种不同的样式主题，用于定制应用程序的外观。每种主题带有不同颜色的按钮、栏、内容块等等，其属性为 data – theme，为该属性分配一个从"a"到"e"的字母，即可改变主题的颜色。这样 jQuery Mobile 中的一种主题可由多种可见的效果和颜色构成。

jQuery 约定的这五种样式主题如图 9-48 所示。

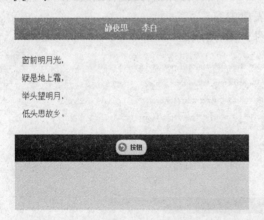

图 9-47　带主题的 jQuery Mobile 页面　　　　图 9-48　从左至右即为 a~e 共 5 种默认样本

- a（黑色）：默认色，黑色背景上的白色文本，视觉优先最高级别。
- b（蓝色）：蓝色背景上的白色文本或灰色背景上的黑色文本，第二级别。
- c（灰色）：亮灰色背景上的黑色文本，基本色。
- d（灰色和白色）：白色背景上的黑色文本，第二级别备用。
- e（黄色）：橙色背景上的黑色文本。

一般默认 jQuery Mobile 为页眉和页脚使用"a"主题（黑色），为页眉内容使用"c"主题（亮灰）。利用不同的主题，可以自如地混搭颜色来配合公司的颜色或品牌，或突出或柔和一些按钮和标签。

（1）打开"文件"菜单，选择"新建"命令，选择"启动器模板"，在如图9-3所示的"新建文档"对话框中选择"包含主题的 jQuery Mobile（本地）"，单击"创建"按钮，创建一个新的文件，如图9-49所示。

（2）在应用主题时，要先保存文件，单击"保存"按钮，输入文件名称，此时系统弹出如图9-50所示提示框，Dreamweaver 将所需相关文件复制到该文件夹。

图9-49　创建包含主题的 jQuery Mobile

图9-50　复制相关文件

（3）在"窗口"下拉菜单中选择"jQuery Mobile 色板"命令，如图9-51所示。

系统打开一个重要的如图9-52所示面板，在此面板中可以定制不同的 jQuery Mobile主题。

图9-51　选择"jQuery 色板"

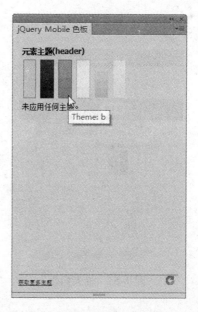

图9-52　jQuery Mobile 色板

案例分解：

（1）新建一个"包含主题的 jQuery Mobile（本地）"的 HTML 网页并保存，打开"jQuery Mobile 色板"，单击页面右下角的手机图标 ▣，并在"第 2 页"的"页脚"处插入"jQuery Mobile"→"按钮"，如图 9-19 所示，选择按钮为"链接"类型，图标为"后退"。单击 jQuery Mobile 色板右下角的刷新图标 ↻，在色板上显示按钮图标的属性，如图 9-53 所示。

（2）在图 9-53 中单击"按钮主题"的最后一个"Theme e"，切换到"实时视图"中预览，如图 9-54 所示。将光标置于标题"第 2 页"处，输入标题"静夜思 李白"，单击色板的刷新按钮，显示其默认主题为基本色"c"，单击第三个主题"Theme b"，切换到"实时视图"中预览，如图 9-55 所示。

（3）在第 2 页"内容"处输入内容，如图 9-56 所示。

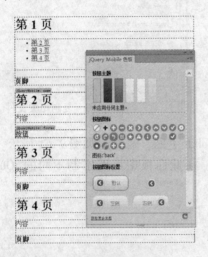

图 9-53　刷新 jQuery 色板

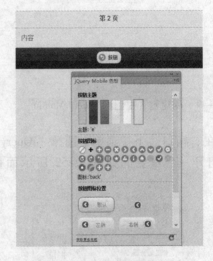

图 9-54　在实时视图中查看

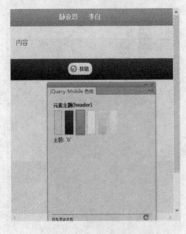

图 9-55　输入标题

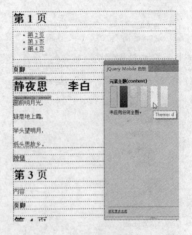

图 9-56　输入内容

（4）为"内容"应用主题"d"，按〈F12〉键预览，如图 9-47 所示。

9.3 习题

1. 制作如图 9-57 所示的我的邮箱。提示：利用 jQuery Mobile 中的列表视图，选择"文本气泡"，并将默认的数字 1 改为相应数字。

图 9-57 我的邮箱

2. 利用 jQuery Mobile 中的"可折叠块"组件，制作如图 9-58 所示可折叠内容，单击加号按钮时，显示各内容，单击减号按钮时，折叠其内容。

3. 利用 jQuery Mobile 的主题属性 data – theme 制作如图 9-59 所示的主题工具栏。

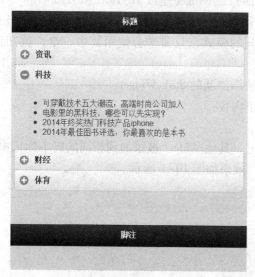

图 9-58 可折叠信息

图 9-59 制作主题工具栏

第 10 章 jQuery UI 和表单

在 Dreamweaver CC 及更高版本中 jQuery UI 取代了 Spry，jQuery UI 是建立在 jQuery JavaScript 库上的一组用户界面交互、特效、小部件及主题，可以用来创建高度交互的 Web 应用程序，也可以用来仅仅向窗体控件添加一个日期选择器。

表单用来收集来自用户的信息，是网站的管理者与浏览者之间沟通的桥梁。表单有两个重要的组成部分：一是描述表单的 HTML 源代码；还有就是用于处理用户在表单域中输入的信息的服务器端应用程序或客户端脚本，如 CGI、ASP 等。通过表单收集到的用户反馈信息，通常是一些用分隔符（如逗号、分号等）分隔的文字资料。这些资料可以导入到数据库或电子表格中进行统计、分析，成为具有重要参考价值的信息。

可以创建将数据提交到大多数应用程序服务器的表单，包括 PHP、ASP 和 ColdFusion。如果使用 ColdFusion，可以在表单中添加 ColdFusion 的表单控件，还可以将表单数据直接发送给电子邮件收件人。

10.1 案例 1：在网页中使用 jQuery UI 小部件

jQuery UI 包含了许多维持状态的小部件（Widget），Widget 是以 DHTML 和 JavaScript 等语言编写的小型 Web 应用程序，可以在网页内插入和执行，与典型的 jQuery 插件使用模式略有不同。所有的 jQuery UI 小部件（Widget）使用相同的模式，只要学会使用其中一个，就知道如何使用其他的小部件（Widget）。

页面上现有的 Spry Widget 可以修改，但是无法添加新的 Spry Widget。

插入 jQuery Widget 时，代码中会自动添加以下内容：

（1）对所有相关文件的引用；

（2）包含用于 Widget 的 jQuery API 的脚本标记。其他 Widget 被添加到相同的脚本标记中。

【案例目的】在网页中使用 jQuery UI 小部件，效果如图 10-1 所示。

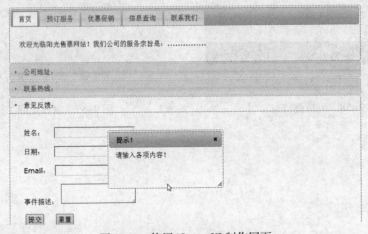

图 10-1 使用 jQuery UI 制作网页

176

【核心知识】jQuery UI 小部件的插入和编辑。

10.1.1　小部件（Widgets）

小部件（Widgets）有功能齐全的 UI 控件，使桌面应用程序也具备 Web 应用程序一样丰富的功能。所有的小部件（Widgets）提供了一个核心，即带有定制行为的大量扩展以及完整的主题支持。

在 Dreamweaver CC 中 jQuery UI 提供的小部件有：折叠面板（Accordion）、面板（Tabs）、日期选择器（Datepicker）、进度条（Progressbar）、对话框（Dialog）、自动完成（Autocomplete）、滑块（Slider）、按钮（Button）、按钮组（Buttonset）、复选框（Checkbox Buttons）和单选按钮（Radio Buttons）。

有两种插入 jQuery Widget 的方法。

一种是：将光标置于页面中要插入 Widget 的位置，打开"插入"菜单，选择"jQuery UI"命令，然后选择要插入的 Widget。另一种方法是：使用"窗口"菜单的"插入"面板，Widget 存在于"插入"面板的"jQuery UI"部分中。如图 10-2 所示。

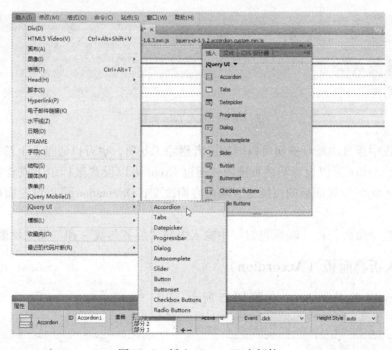

图 10-2　插入 jQuery UI 小部件

其属性显示在"属性"面板中，可以在实时视图中或在支持 jQuery Widget 的浏览器中预览 jQuery Widget。

使用 jQuery Widget 时，Dreamweaver CC 会引用一些外部文件：主题、jQuery 和 jQuery UI 等，在页面中引用这些文件后，就可以方便地使用 jQuery UI 的窗体小部件和交互部件。如图 10-3 所示。

图 10-3　所引用的外表文件

10.1.2 插入面板 Tabs

面板 Tabs 是一组可导航的菜单按钮，当站点访问者将鼠标悬停在其中的某个按钮上时，将显示相应的子菜单。使用菜单栏可在紧凑的空间中显示大量可导航信息，并使站点访问者无需深入浏览站点，即可了解站点上提供的内容。

新建一个网页文档，将其保存为 Contact. html。插入 jQuery UI 的 Tabs，如图 10-4 所示。

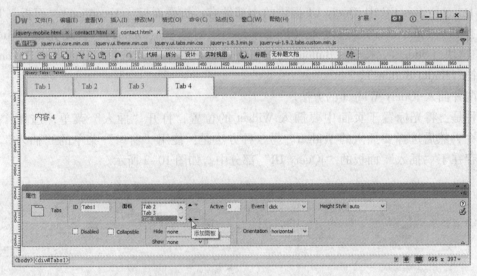

图 10-4　插入 Tabs 面板

在属性面板中通过加减号按钮可以增加或者删除 Tab 项，也可以通过上下箭头对 Tab 项进行位置的改变。Active 可以设置活动页选项；通过 Event 可以设置鼠标单击或者滑过时激活面板选项；Height Style 设置面板的高度是否随内容而改变；Orientation 可以设置面板是水平或者垂直方向。

为面板各选项命名，在"联系我们"中输入内容"服务热线"和"意见反馈"。

10.1.3 插入折叠面板（Accordion）

插入 jQuery UI 的 Accordion，如图 10-5 所示。

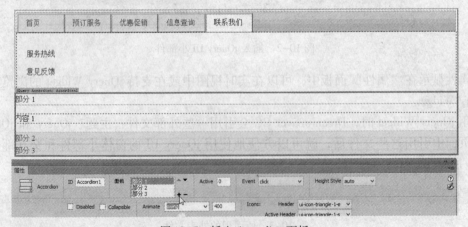

图 10-5　插入 Accordion 面板

同样可在属性面板中设置其选项名称及其属性。各个折叠面板中输入所需内容，在"意见反馈"选项的内容框中插入一个表单。表单内插入文本、日期、Email、文本区域、提交和重置按钮，如图 10-6 所示。

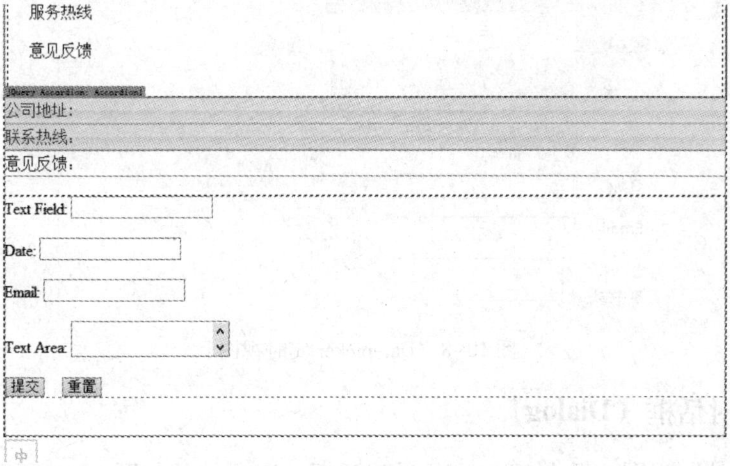

图 10-6　插入表单

命名表单内各项内容，并调整其宽度。

10.1.4　插入日期选择器（Datepicker）

删除日期的内容显示框，插入日期选择器（Datepicker），如图 10-7 所示。

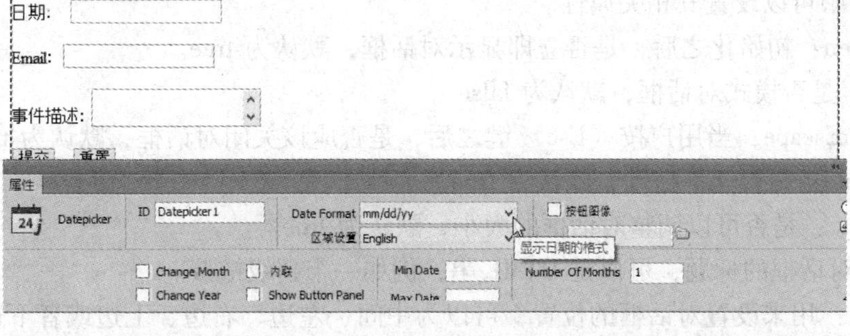

图 10-7　插入 Datepicker

在属性面板中可以设置显示日期的格式，用于显示日期的语言等内容。

选择用简体中文显示日期，切换到"实时视图"，如图 10-8 所示。可以任意选择日期。

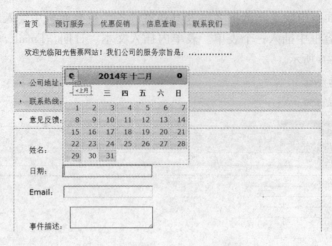

图 10-8　Datepicker 实时视图

10.1.5　插入对话框（Dialog）

返回到"设计"视图，插入 jQuery UI 的对话框（Dialog），如图 10-9 所示。

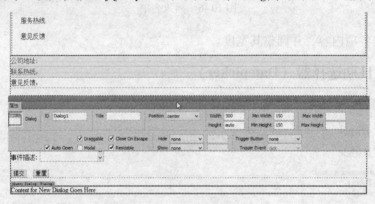

图 10-9　插入对话框

在 Dialog 中可以设置其相关属性。

- AutoOpen：初始化之后，是否立即显示对话框，默认为 true。
- Modal：是否模式对话框，默认为 false。
- CloseOnEscape：当用户按〈Esc〉键之后，是否应该关闭对话框，默认为 true。
- Draggable：是否允许拖动，默认为 true。
- Resizable：是否可以调整对话框的大小，默认为 true。
- Title：对话框的标题，可以是 HTML 串，例如一个超级链接。
- Position：用来设置对话框的位置，可以为中间、左边、右边、上边或者下边。
- Width 和 Height：设置对话框的宽度和高度，并可以设置其最小和最大值。
- Trigger Button：用来设置由哪一个按钮来触发对话框。
- Trigger Event：设置触发对话框时采用哪种方法，单击还是双击等。

在此为对话框加标题"提示！"；取消初始化后立即显示对话框，设置 Auto Open；Trigger Button 为 submit 提交按钮，触发方式为单击。

输入对话框提示内容。切换到"实时视图"，如图 10-1 所示。

10.2 案例2：制作报名表

【案例目的】插入各种表单对象制作注册表单，如图 10-10 所示。

图 10-10 制作注册表单

【核心知识】掌握各种表单对象的使用方法。

10.2.1 创建表单

创建表单有两种方法，在文档中将光标置于插入点，打开"插入"菜单，选择"表单"命令，在弹出的子菜单中选择"表单"命令。或者在"插入"面板的"表单"类别中，选择 表单。如图 10-11 所示。

图 10-11 插入表单

插入表单后，在文档窗口中出现红色边框线所定义的插入表单区域。选中所创建的表单，在属性面板中设置表单的属性，如图 10-12 所示。

注意：如果没有看到所创建的表单边框，单击"查看"菜单中的"可视化助理"命令，在弹出的子菜单中选择"不可见元素"命令将边框线显示出来。

图 10-12　表单的属性面板

ID：默认 ID 是"form1"。

Action：指定处理表单信息的服务器端应用程序。可单击浏览文件夹目标，寻找应用程序，或直接输入应用程序路径。

Method：定义处理表单数据的方法，有 3 个选项：

- 默认：使用浏览器默认的方法（一般为 GET）。
- GET：把表单值添加给 URL，并向服务器发送 GET 请求。URL 被限定在 8192 个字符之内，所以一般不对长表单使用 GET 方法。
- POST：在消息正文中发送表单值，并向服务器发送 POST 请求。

GET 是从服务器上获取数据，传送的数据量较小，不能大于 2KB，其安全性非常低。POST 是向服务器传送数据。传送的数据量较大，一般被默认为不受限制，其安全性较高。在 FORM 提交的时候，如果不指定 Method，则默认为 GET 请求。

Target：指定一个窗口来显示被调用程序返回的数据。如果命名的窗口尚未打开，则打开一个具有该名称的新窗口。可以设置以下任一目标值：

- _blank：在未命名的新窗口中打开目标文档。
- _parent：在显示当前文档的窗口的父窗口中打开目标文档。
- _self：在提交表单时所在的同一窗口中打开目标文档。
- _top：在当前窗口的窗体内打开目标文档。此值可用于确保目标文档占用整个窗口，即使原始文档显示在框架中时也是如此。
- New：在新窗口打开文档。

No Validate：当提交表单时不对表单数据（输入）进行验证。

Accept Charset：属性规定服务器用哪种字符集处理表单数据。

Autocomplete：规定 form 应该拥有自动完成功能。

案例分解 1：插入表单

（1）在 Dreamweaver CC 中新建一个空白 HTML 文档并保存，打开"插入"菜单，选择"jQuery UI"命令，在弹出的子菜单中选择"Button"命令，插入一个按钮"Button1"，把按钮名字改为"注册"。

（2）打开"插入"菜单，选择"jQuery UI"命令，在弹出的子菜单中选择"Dialog"命令，在文档中插入一个隐藏的对话框。在其属性面板中，把标题（Title）改为"培训鉴定报名"，位置（Position）改为"Top"，在模式（Modal）上勾"√"，绑定按钮（Trigger Button）选定"Button1"，如图 10-13 所示。

（3）插入表单。将插入点放在对话框内，打开"插入"菜单，选择"表单"命令，在弹出的子菜单中选择"表单"命令，插入表单，如图 10-14 所示。删除对话框中的文字"Content for New Dialog Goes Here"。

（4）在表单属性面板中修改 Titel 为"报名"，Method 为"POST"，Accept Charset 为"UTF - 8"。

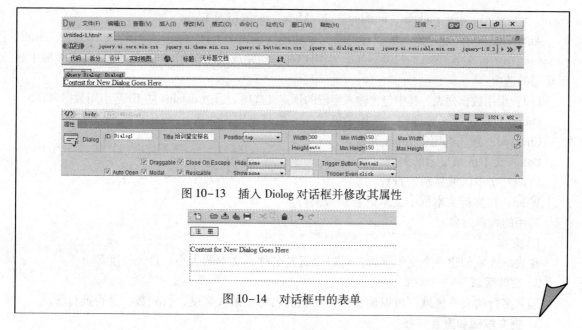

图 10-13　插入 Diolog 对话框并修改其属性

图 10-14　对话框中的表单

10.2.2　向表单中插入对象

Dreamweaver CC 表单包含各种标准对象，有文本、按钮、电邮、密码、电话、日期、时间等，如图 10-2 所示。将光标置于表单内，打开"插入"菜单，选择"表单"命令，在弹出的子菜单中选择"表单对象"；或者单击"插入"面板中的"表单"选项中表单对象按钮；还可以按住表单对象按钮拖入插入点，释放按钮。

插入表单对象后，在属性面板中显示其属性，通过"属性面板"可以设置各表单对象的属性。如图 10-15 所示。

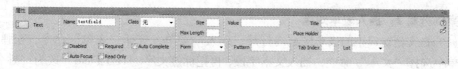

图 10-15　"表单对象"的属性面板

常用的表单对象属性有：

Name：表单对象的应用名。

Class：规定元素的一个或多个类名（引用样式表中的类）。

Title：设置有关元素的相关提示信息。

Value：表单首次被载入时显示在文本字段中的值。

Place Holder：提供可描述输入字段预期值的提示信息（hint）。

Tab Index：规定表单对象的〈Tab〉键次序，即访问者在页面中按〈Tab〉键的顺序。

Size：为文本字段显示的宽度。

Max Length：为允许使用者输入的最大的字符个数。

Autofocus：在页面加载时，域自动地获得焦点。适用于所有 < input > 标签的类型。

Disabled：禁用 input 元素。

Read Only：输入字段为只读。

Required：在提交之前必填的字段。Required 属性适用于 text、search、url、telephone、 email、password、date pickers、number、checkbox、radio 以及 file。

Auto Complete：规定输入域拥有自动完成功能。适用于 text、search、url、telephone、email、password、datepickers、range 以及 color。当用户在自动完成域中开始输入时，浏览器在该域中显示填写的选项。

List：引用数据列表，其中包含输入字段的预定义选项。通过 datalist 的 ID 号引用数据列表。

Pattern：规定用于验证输入字段的模式，一般是正则表达式。

Checked：预先选定的 input 元素。

Cols：文本区域显示的列数。

Rows：文本区域显示的行数。

Wrap：在多行文本框中文本内容是否换行。

常用的表单对象有：

1. 文本

在表单区域创建一个文本字段。可以设置其名称，文本的大小，最大长度等。

2. 文件区域

插入多行的文件区域。可以设置文件区域的名称，最大宽度，行列数，是否换行等。

3. 提交按钮和重置按钮

插入提交按钮和重置按钮。提交按钮将表单提交数据给处理程序或脚本，可以设置其提交方式；重置按钮恢复所有表单域各自的初值。

4. 复选框和复选框组

插入多个复选框，与插入复选框组作用相同，并可以为不同的复选项设置不同的名称。

5. 图像按钮

插入图像按钮。可以设置其名称，图像的宽度值和高度值，图片的源地址，图像按钮的提交方式等。

案例分解 2：插入表单对象

（1）在文档窗口中的表单区域内打开"插入"菜单，选择"表单"命令，在弹出的子菜单中选择"文本"命令，插入文本字段，再把标签文字"Text Field"改为"姓名"。

（2）在表单区域内依次插入表单对象"电子邮件"、"电话号码（Tel）"、"文本区域"，分别把标签文字"Email"改为"邮箱地址"、"Tel"改为"联系电话"、"Text Area"改为"其他说明"，最后在文本区域后插入"重置"和"提交"两个按钮，如图 10-16 所示。

图 10-16　在表单中插入表单对象

10.3 表单验证

填写 HTML 表单（Form）并将数据提交到服务器之前，一般情况下要在客户端浏览器中验证表单中填写的数据是否符合规范，然后再提交给服务器端脚本，这样做可以减少服务器端脚本执行的时间开销，提高服务器和网络性能。Dreamweaver CC 可以实现轻松验证表单。

10.3.1 通过修改属性验证表单

如果是必填字段，可以修改表单元素的属性 Required 以验证表单，在属性面板上勾选 Required 即可。运行时如果不填写，单击提交按钮时会提示"请填写此字段"，如图 10-17 所示。

图 10-17 提示填写字段

如果是固定格式内容，可以在 Title 中输入需要显示的相关提示信息，在文本框"Pattern"内输入对照表单检查的元素值的正则表达。如图 10-18 所示。

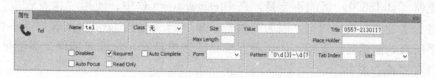

图 10-18 修改属性 Required 和 Pattern

正则表达式"^0\d{3} - \d{7}$"表示：以数字 0 开始的四位数字区号，然后以"-"连接七位电话号码。如果输入不合要求，单击提交时会出现相应提示，如图 10-19 所示。

图 10-19 提示应输入符合规定的格式

案例分解 3：设置验证表单

（1）打开文档，选择"姓名"后面的文本框，在属性面板设置属性"name"为"username"，勾选属性"Auto Focus"、"Required"和"Auto Complete"，属性"tabindex"值为"1"，如图 10-20 所示。

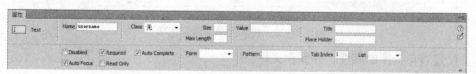

图 10-20 设置表单文本属性

（2）设置"电子邮箱"的属性。"Placeholder"填上期望样式"123456789 @ qq. com"，属性"Tab Index"值为"2"。

（3）如图 10-21 所示，设置"联系电话"的属性。勾选属性"Auto Focus"、"Required"、"Auto Complete"，设置属性"Tab Index"值为"3"，"pattern"的值为"^0\d{2,3}\d{7,8}$|^1/d{10}$"，即联系电话是区号加本地号码，或者是 11 位手机号码。

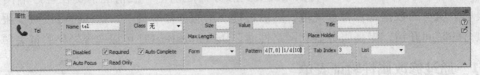

图 10-21　设置电话号码的属性

（4）按〈F12〉键预览，结果如图 10-10 所示。

10.3.2　通过行为验证表单

在第 10.3.1 节中，应用 HTML5 的属性，基本上不用编写代码就可以方便地验证表单，但是有的浏览器（如 IE8.0）可能不支持。在 Dreamweaver CC 中，使用"检查表单"行为可以为表单中各元素设置有效性规则。因为"检查表单"行为是用 Javascript 客户端小程序进行验证的，几乎所有的浏览器都支持，用这种方法验证表单具有一定的普遍性。详细见 13 章的上机实训项目八"检查表单"。

10.4　上机实训

项目：制作心理测试表单

（一）内容要求

制作一个心理测试表单。

（二）技术要求

（1）插入表单，插入内容及表单选项，如图 10-22 所示。

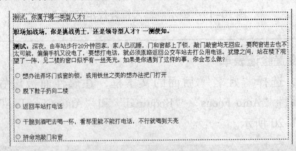

图 10-22　插入表单及内容选项

（2）设置表单选项的属性，并保存文件。

10.5　习题

一、选择题

1. Dreamweaver CC 中，在使用表单时，文本域主要有（　　）种形式。

A. 1   B. 2   C. 3   D. 4

2. 使用表单的作用的是（　　　）。

   A. 收集信息   B. 搜索信息   C. 传送信息   D. 整理信息

3. 表单能够实现的功能是（　　　）。

   A. 登录注册   B. 留言板   C. 在线编辑   D. 以上都是

4. 下列选项中不是表单文本域类型的是（　　　）。

   A. 单行文本   B. 多行文本   C. 密码   D. 单选

二、简答题

1. 说明单选框和复选框的区别。

2. 表单对象文本和文本区域有什么区别。

三、上机操作题

1. 利用 jQuery UI 的 Accordion，模仿 QQ 聊天室设计制作一个网页，当选择"好友"、"群"、"通信录"时，单击该名称就可以上下自由滑开所选择的内容，而整个窗口不会发生变化。

2. 制作一个电子邮件反馈表单，如图 10-23 所示。

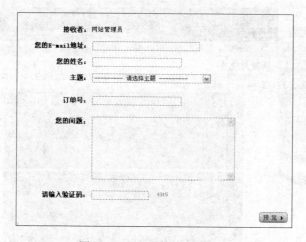

图 10-23　电子邮件反馈表单

第11章 模板和库

Dreamweaver CC 模板是一种特殊类型的文档,用于设计"固定的"页面布局;然后便可以基于模板创建文档,创建的文档会继承模板的页面布局。本章主要内容是模板和库的基本知识和使用方法,包括:创建模板,定义模板,应用模板,库的创建、编辑和使用。

11.1 案例1:模板

【案例目的】利用模板编辑网页如图11-1所示。

图 11-1 页面运行效果

【核心知识】创建模板,定义模板的可编辑区域。定义模板的可选区域,修改定义模板的可选区域。

11.1.1 创建模板

模板一般保存在本地站点根文件夹中一个特殊的 Templates 文件夹中。如果 Templates 文件夹在站点中不存在,则在创建模板时将自动创建该文件夹。创建模板有两种方法。

1. 从空白文档创建模板

方法一:打开"文件"中的"新建"命令,弹出"新建文档"对话框,在"类别"选项栏选中"空白页",在"页面类型"选项中选择需要的模板类型(如 HTML 模板),在"布局"选项中选择模板的页面布局"无",如图11-2所示,单击"创建"按钮即可。

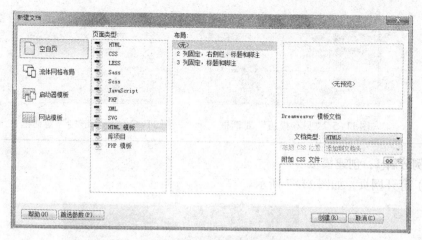

图 11-2　新建文档对话框

打开"文件"菜单，选择"保存"命令，选取保存的路径、命名并保存空模板文件。

方法二：在使用该方法建立新模板之前，必须保证站点已经建立，按照建立站点的提示逐步操作即可。只有建立完站点后，资源窗口中的图标才能激活。

选择"窗口"菜单下的"资源"命令，调出"资源"面板，单击模板图标按钮🗔，切换到模板面板。单击模板面板底部的"新建模板"图标" 🔁，出现如图 11-3 所示界面，然后编辑模板文件名，输入文件名后，按〈Enter〉键即可完成空模板的创建。创建一个新模板后，可以到站点所在本地根文件夹下的 Templates 文件夹中查看到该文件。

提示：*不要将模板移动到 Templates 之外或者将任何非模板文件放在 Templates 中，也不要将 Templates 文件夹移动到本地根文件夹之外，否则会出现错误。*

2. 从网站页面文件中创建新模板

利用现成的网页创建生成新模板，实际上就是借助已有的站点中的经典网页，或者在自己制作生成的网页基础上生成模板，以便在后期制作网页过程中使用。

（1）打开站点 mybook，如图 11-4 所示，从中选择一个网页文件，双击打开。

图 11-3　编辑模板文件名

图 11-4　"打开站点文件"对话框

（2）打开"插入"菜单，选择"模板"命令，在弹出的子菜单中选择"创建模板"，出现 11-5 所示的"另存模板"对话框。

单击"保存"按钮，出现如图 11-6 所示的对话框。单击"是"按钮，即可在站点的 Templates 文件夹中创建一个模板文件。

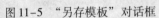

图 11-5 "另存模板"对话框　　　　图 11-6 "更新链接"对话框

案例分解 1：创建模板

（1）打开网页，如图 11-7 所示。

图 11-7 "打开网页"对话框

（2）打开"插入"菜单，选择"模板"命令，在弹出的子菜单中选择"创建新模板"。在"另存模板"对话框中输入另存名为"default"，单击"保存"按钮。单击"否"按钮，不更新链接，成功创建新模板。

11.1.2 定义模板的可编辑区域

可编辑区域包含根据模板创建的每个 HTML 网页中可以改变的信息，可能是文本、图像或者其他的媒体，如 flash、java 小程序，没有标记为可编辑区域的在使用此模板创建新文件时将被锁定。

当创建一个基于模板的网页时，可以激活可编辑区域并添加新数据，然后将网页保存为独立的 HTML 文件。文件中没有标记为可编辑区域的所有基于模板的网页都将保持完全相同的状态，并且不可以任何方式进行更改。

提示：在模板中对非可编辑区域所做的任何改动都将影响站点中每一个基于此模板的网页。

（1）打开"文件"菜单，选择"新建"命令，弹出"新建文档"对话框，在"类别"选项栏选中"网站模板"，在"站点"选项中选择需要的站点，在"站点的模板"选项中选择模板，如图 11-8 所示。

（2）单击"创建"按钮，创建在模板基础上的新文件。新建的文件中任何区域都处于锁定状态，不能编辑，即不能插入文字、图像、多媒体等。

（3）打开需要修改的模板，选中"机动车维修明起开始报名"，执行"插入"菜单下的"模板"命令，在弹出的子菜单中选择"可编辑区域"，如图 11-9 所示。

或者选择想要设置为"模板区域"的内容，单击右键，在弹出的快捷菜单中选择"模板"命令，然后在子菜单中选择"新建可编辑区域"如图 11-10 所示。

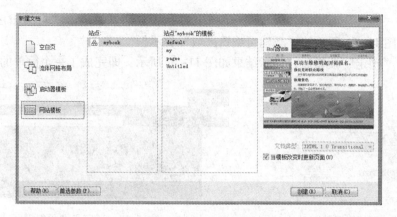

图 11-8 "新建文件"对话框

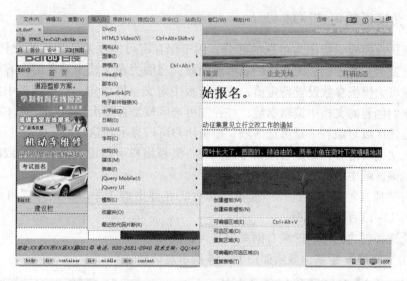

图 11-9 "定义可编辑区域"

图 11-10 右键菜单"新建可编辑区域"

或者执行"插入"面板的"模板"，在弹出的上下文菜单中单击"可编辑区域"菜单选项，就会显示图 11-11 所示的"新建可编辑区域"提示框。

（4）单击"确定"按钮后，显示结果如图 11-12 所示，即完成了一个简单的模板制作。

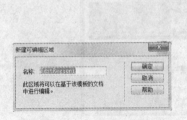

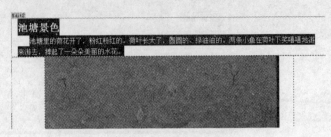

图 11-11 "新建可编辑区域"对话框　　　　　图 11-12 已定义"可编辑区域"

11.1.3　定义模板的可选区域

可选区域是在模板中指定为可选的部分，用于保存有可能在基于模板的文档中出现的内容。可将其设置为在基于模板的文档中显示或隐藏。当要为在文档中显示的内容设置条件时，使用可选区域可为模板参数设置特定值，或在模板中定义条件语句。根据模板中定义的条件，用户可以在他们创建的文档中编辑参数，并控制可选区域是否显示。

有两种可选区域对象：一是可选区域，模板用户可以显示和隐藏特别标记的区域，在这些区域中用户无法编辑内容；二是可编辑可选区域，模板用户可以设置是否显示或隐藏该区域，用户可以编辑该区域中的内容。

（1）单击"插入"菜单，选择"模板"命令，在弹出的子菜单中选择"可选区域"，系统会弹出如图 11-13 所示对话框。

可以在此选择创建的可选区域在网页中是否默认可见。

（2）单击"高级"标签，显示如图 11-14 所示对话框。

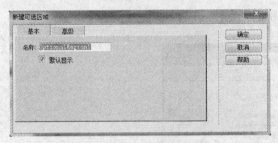

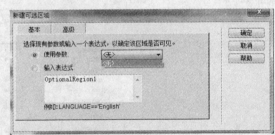

图 11-13 "新建可选区域"对话框一　　　　　图 11-14 "新建可选区域"对话框二

使用参数：通过下拉列表框设置控制本可选区是否隐藏所使用参数。

输入表达式：用于控制本可选区是否隐藏所使用的表达式，表达式值为真时，显示可选区；表达式为假时，则隐藏可选区域内容。

11.1.4　定义模板的重复区域

重复区域是文档布局的一部分，设置该部分可以使模板用户必要时在基于模板的文档中添加或删除重复区域的副本。例如，可以设置重复一个表格行。重复部分是可编辑的，模板用户可以编辑重复元素中的内容，而设计本身则由模板创作者控制。

可以在模板中插入两种重复区域：重复区域和重复表格。

打开需要修改的模板，选中允许模板用户重复复制的区域，单击"插入"菜单，选择"模板"，在弹出的子菜单中选择"重复区域"，系统会弹出如图 11-15 所示对话框。

单击"确定"按钮，即在模板中插入名为 RepeatRegion1 的重复区域，如图 11-16 所示。

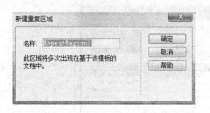

图 11-15　新建重复区域对话框　　　　　　　　图 11-16　插入重复区域

如果需要编辑重复区域，则选中它，执行"插入"菜单下的"模板"命令，在弹出的子菜单中选择"可编辑区域"即可。

案例分解 2：完成模板可选区域

（1）在模板中选中部分内容，单击"插入"菜单下的"模板"命令，在弹出的子菜单中选择"可选区域"命令。

（2）在弹出的"新建可选区域"对话框中，取消选中"默认显示"选项，然后单击"确定"按钮，完成可选区域插入，结果如图 11-17 所示。

图 11-17　完成可选区域后的页面效果

（3）在可选区域可以对其进行编辑。

11.1.5　修改模板

如果对当前站点中使用的模板进行了修改，则 Dreamweaver CC 会提示是否修改应用该模板的所有网页，也可以通过命令手动修改当前页面和整个网站。

（1）执行"窗口"菜单中的"资源"命令，打开资源面板，在模板列表中双击当前文档使用的模板，可以打开模板对其内容进行修改，修改完后，需要更新采用该模板制作的页面，单击"修改"菜单下的"模板"命令，在弹出的子菜单中选择"更新页面"，如图 11-18 所示。

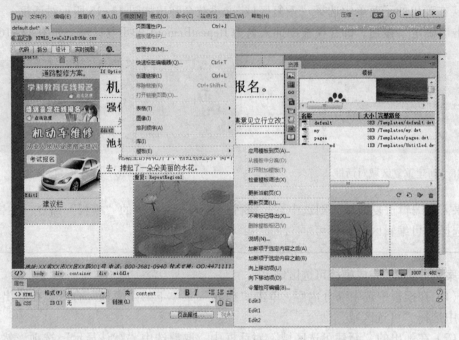

图 11-18　选择"更新页面"

（2）系统弹出"更新页面"对话框如图 11-19 所示。在对话框的"查看"下拉列表中，选择"整个站点"选项，在"站点"下拉列表框中选择站点名；在"更新"后面的复选框中选择"模板"。

（3）单击"开始"按钮，即可对整个站点中的使用修改模板的页面进行更新，如图 11-20 所示。

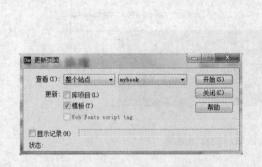

图 11-19　"页面更新"对话框一

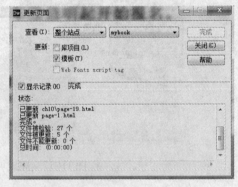

图 11-20　"页面更新"对话框二

（4）想删除模板中创建的参数（如可选区域设置）时，可以打开模板文档，选中参数名称，执行"修改"菜单下的"模板"命令，在弹出的子菜单中选择"删除模板标记"，即可删除。

基于该模板的文档会自动继承模板参数及其初始值设置。模板用户可以更新可编辑标签属性和其他模板参数，在基于模板的文档中编辑内容。

194

案例分解 3：完成修改基于模板的文档

（1）运行 Dreamweaver CC，执行"文件"菜单下的"新建"命令，选择"网站模板"，新建一个基于模板的文档。

（2）在此文档中的可编辑区域输入文字，"荷塘月色月光如流水一般，静静地泻在这一片叶子和花上。薄薄的青雾浮起在荷塘里。叶子和花仿佛在牛乳中洗过一样；又像笼着轻纱的梦。"，如图 11-21 所示。

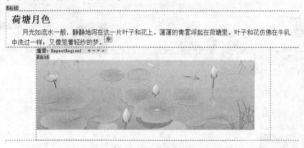

图 11-21 在可编辑区输入文字

（3）单击可重复区域"RepeatRegion1"后面的"＋"号按钮，在当前所选项下面添加一个重复区域项，如图 11-22 所示。

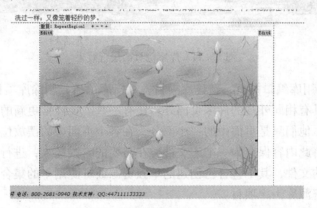

图 11-22 增加重复区域

● 单击减号"－"按钮删除所选重复区域项。
● 单击"向下箭头"或"向上箭头"按钮，将所选项向下或向上移动一个位置。
也可以选择"修改"菜单下的"模板"命令，然后选择"向上移动项"或"向下移动项"。

（4）选中新增图像，在属性面板的"Src"源文本框中输入图像路径，如图 11-23 所示。

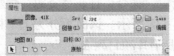

图 11-23 修改模板图像路径

按〈F12〉键运行，效果如图 11-1 所示。

11.2 案例2：利用库项目制作网页

【案例目的】利用库项目制作网页，效果如图 11-24 所示。

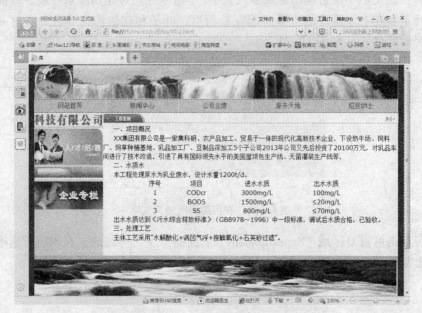

图 11-24　库案例页面运行效果

【核心知识】利用库编辑网页，新建库项目，编辑库项目，删除库项目和重建库项目。

在站点中除了具有相同外观的许多页面外，还有一些需要经常更新的页面元素，例如版权声明、站点导航条，他们只是页面中的一小部分，在各个页面中的摆放位置可能不同，但内容却是一致的。可以将此内容保存为一个库文件，在需要的时候插入，进行快速更新。

库是一种特殊的文件，其中包含已创建的单独资源或资源副本的集合，如图像、表格、声音等。库里的这些资源称为库项目。

11.2.1　库面板

站点所有的库项目都存储在站点的 Library 文件夹中，并以 .lbi 作为扩展名。和模板一样，库项目应该始终在 Library 文件夹中，并且不应向该文件中添加任何非 .lbi 文件。Dreamweaver CC 需要在网页中建立来自每一个库项目的相对链接，以便确保原始库项目的存储位置。

对于链接项（如图像），库只存储对该项的引用。原始文件必须保留在指定的位置，才能使库项目正确使用。

执行"窗口"菜单下的"资源"命令，打开"资源"面板，在"资源"面板上单击 🕮 图标，切换到库管理面板，如图 11-25 所示。该面板分为上下两部分：上部分显示当前选择库项目的具体内容，下半部分则是所有库项目列表。

在库面板中，可以方便地进行库项目的创建、删除、改名更新站点等操作。

在网页文档窗口中，选择一个库项目之后，执行"窗口"菜单下的"属性"命令，或按〈Ctrl + F3〉组合键，打开属性设置面板，如图 11-26 所示。

图 11-25 库面板   图 11-26 库项目的属性面板

- "打开"：当单击该按钮时，则会打开库文档窗口，方便用户对所选择库进行再编辑。或者在库面板中选中库项目，双击库项目或者单击编辑按钮 ![编辑按钮]，则打开库项目，可对其进行编辑。
- "从源文件中分离"：作用是将当前选择的内容从库项目中分离出来，可以对插入到文档窗口中的库项目进行修改，但是在以后对库项目进行修改时，不会修改网页的库项目。
- "重新创建"：可以通过文档窗口中以前使用的库项目插入内容重新生成库项目文件。一般在库项目文件被删除时，使用该功能可以恢复以前的库项目文件。

11.2.2 创建库项目

（1）选中文档中需要保存为库项目的一幅图，执行"窗口"菜单下的"资源"命令，在"资源"面板上单击 ![图标] 图标，打开库管理面板。

（2）单击资源管理面板上的新建库项目图标 ![图标]，输入新的库项目名称（如 top），这样一个库项目就建成了，图片保存到库项目中，如图 11-27 所示。也可以选中图像直接拖入库面板中，创建库项目。

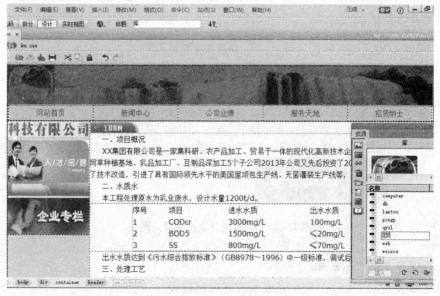

图 11-27 创建库项目

案例分解 1：完成案例库项目建设

（1）运行 Dreamweaver CC 软件，打开"资源"面板，单击 图标，打开库管理面板。

（2）右键单击列表框内部任一点，从弹出的快捷键菜单中选择"新建库项"，如图 11-28 所示。也可以点击新建库项目图标 完成这一步。

图 11-28　新建库项

（3）把新建库项目名称"Untitled"改为"qyzl"，按〈Enter〉键，双击"qyzl"，Dreamweaver CC 会打开新建的库项目文档"qyzl. lbi"，以供编辑，如图 11-29 所示。

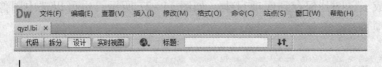

图 11-29　新建的库项目文档

（4）在库项目文档"qyzl. lbi"插入图像，如图 11-30 所示。

图 11-30　在库项目文档中插入图像

（5）保存文档"qyzl. lbi"。

重复步骤（2）~（5），直至完成所有库项目建设。

11.2.3　使用和操作库项目

在库面板中单击鼠标右键，或者单击库面板右上角的 ▼≡ 图标，弹出库项目快捷键菜单如图 11-28 所示。可以对库项目进行包括编辑、重命名、删除、更新当前页、更新站点、复制到站点和在站点定位等操作。

当更改库项目中当前页时，只更新当前页的库项目，站点中的其他页面用到该修改的库项目没有修改，如图 11-31 所示。

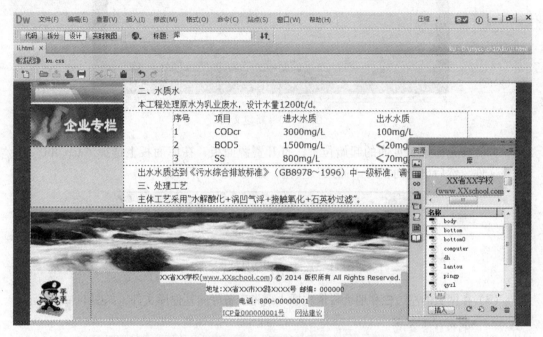

图 11-31　使用库项目更新当前页面

更改库项目时，可以选择更新使用该库项目的所有文档。如果选择不更新，则文档将保持与库项目的关联，可以通过选择"更新站点"来更新它们，则站点中的其他页面用到该修改的库项目都要修改，如图 11-32 所示。

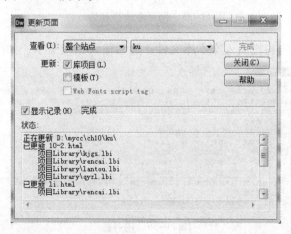

图 11-32　通过更新库项目"更新页面"对话框

案例分解2：完成新建基于库的文档

（1）在Dreamweaver CC中新建一个空白HTML文档，完成网页布局和导航栏，如图11-33所示。

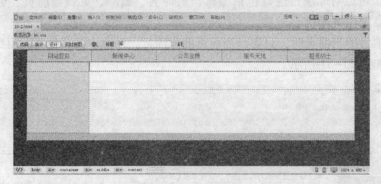

图11-33 新建文档

（2）将光标置于页面的起始位置，打开资源面板，在库面板上选择“top. lbi”作为头文件，然后单击面板的“插入”按钮，如图11-34所示。

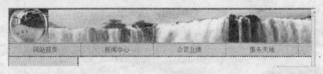

图11-34 插入库文件“top. lbi”

（3）在网页的左边栏和地址栏依次插入事先准备好的其他库文件，如图11-35所示。

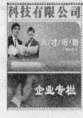

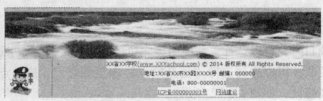

图11-35 网页左边栏和地址栏

（4）在网页的内容栏插入文本库文件，然后输入相应文字，如图11-36所示。

一、项目概况

XX集团有限公司是一家集科研、农产品加工、贸易于一体的现代化高新技术企业，下设奶牛场、饲料厂饲草种植基地、乳品加工厂、豆制品深加工5个子公司2013年公司又先后投资了20100万元，对乳品车间进行了技术改造，引进了具有国际领先水平的美国屋顶包生产线、无菌灌装生产线等。

二、水质水

本工程处理原水为乳业废水，设计水量1200t/d。

序号	项目	进水水质	出水水质
1	CODcr	3000mg/L	100mg/L
2	BOD5	1500mg/L	＜20mg/L
3	SS	800mg/L	＜70mg/L

出水水质达到《污水综合排放标准》（GB8978～1996）中一级标准，调试后水质合格，已验收。

三、处理工艺

主体工艺采用“水解酸化+涡凹气浮+接触氧化+石英砂过滤”。

图11-36 内容栏

（5）在“实时视图”中的效果如图11-37所示。

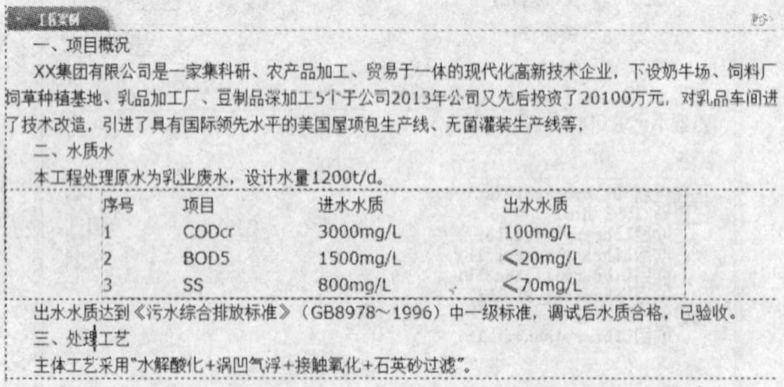

图 11-37　实时视图

实时视图效果和设计图不一致。回到"设计"视图，右键单击"企业专栏"，在快捷菜单上选择"打开库项目"，或者单击属性面板上的"打开"按钮，如图 11-38 所示。

（6）在打开的库项目"qyzl. lbi"中调整图像的大小，使其符合设计要求。保存文档，在弹出的对话框中单击"更新"按钮，如图 11-39 所示。

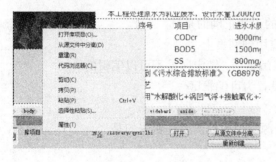

图 11-38　打开库项目

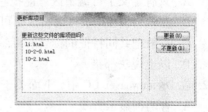

图 11-39　更新文档

（7）按〈F12〉键预览，效果如图 11-24 所示。

11.3　上机实训

项目一：创建模板，定义模板的可编辑区域，并用该模板创建网页。

（一）内容要求

在现有网页的基础上创建模板，并定义模板的可编辑区域。

（二）技术要求

（1）利用菜单中的"插入记录"→"模板对象"→"创建模板"。

（2）执行"插入记录"→"模板对象"→"可编辑区域"。

（3）执行"另存模板"，命名后保存。

（4）如果要更新链接，则单击"是"按钮，否则单击"否"按钮。

（5）一个新模板创建成功。用该模板创建网页。

项目二：操作库项目

（一）内容要求

选择库项目，对库项目进行编辑、插入库项目、重命名和删除库项目。

（二）技术要求

（1）在资源面板中，单击"编辑"按钮 ⬏，编辑该库项目，然后保存更改。

（2）单击 ⌈插入⌋ 按钮，插入该库项目，然后保存更改。

（3）选中需要重命名的库项目使其变为可编辑状态，输入一个新的名称即可。

（4）单击资源面板底部的 🗑 按钮，即可删除库项目。

11.4 习题

一、填空题

1. Dreamweaver CC 模板是一种特殊类型的文档，用于设计_____页面布局。

2. 模板分为_____、_____和_____区域。

3. 模板制作完成后，保存在_____。

4. 与普通网页制作不同的是，模板制作完成后应定义_____、_____。

5. 操作库项目的方法有_____、_____、_____、_____。

二、选择题

1. 在创建模板时，下面关于可编辑区的说法正确的是（　　　）。

    A. 只有定义了可编辑区才能把它应用到网页上

    B. 在编辑模板时，可编辑区是可以编辑的，锁定区是不可以编辑的

    C. 一般把共同特征的标题和标签设置为可编辑区

    D. 以上说法都错

2. 在 Dreamweaver CC 中，下面关于资源管理面板的说法错误的是（　　　）。

    A. 有两种显示方式

    B. 网站列表方式，可以把网站的所有资源显示

    C. 收藏夹方式，只显示自定义的收藏夹中的资源

    D. 模板和库不在资源管理器中显示

3. 在 Dreamweaver CC 中，模板和库显示在（　　）中。

    A. 资源面板　　　　　B. 文件面板　　　　　C. 设计面板　　　　　D. 历史记录面板

4. 在 Dreamweaver CC 中，下面关于创建一个库的说法错误的是（　　　）。

    A. 选择需要保存为库元素的网页元素，然后单击库面板下面的"插入"按钮。

    B. 选择需要保存为库元素的网页元素，然后直接拖入库面板下部的列表栏。

    C. 选择需要保存为库元素的网页元素，然后在库面板右键菜单上选择"新建库项"

    D. 以上说法都不对。

三、简答题

1. 模板有哪些作用？创建模板的方法有哪些？

2. 库有哪些作用？创建库项目的方法有哪些？

第12章　流体网格布局

大多数先进的移动设备可根据设备的握持方式更改页面方向。当用户以垂直方向握持手机时，显示纵向视图；当用户水平握持手机时，页面将重新调整自身，以适合横向尺寸。

网站的布局必须对显示该网站的设备尺寸做出响应与调整（响应性设计），Dreamweaver CC 中的流体网格布局为相应的显示方式而创建不同布局提供了可视化方式。

使用流体网格布局可为桌面计算机、平板电脑和移动电话等每种设备指定布局显示网站。

12.1　案例：创建流体网格布局

【案例目的】利用流体网格设计导航栏，其手机显示效果如图 12-1 所示，拖动页面变化至平板电脑大小时的效果如图 12-2 所示，继续拖动页面变化至计算机桌面大小时的效果如图 12-3 所示。

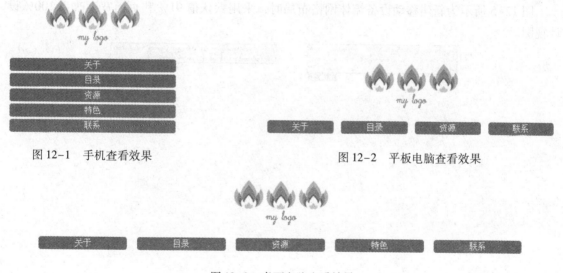

图 12-1　手机查看效果

图 12-2　平板电脑查看效果

图 12-3　桌面电脑查看效果

【核心知识】学习使用流体网格布局。

12.1.1　创建流体网格布局

Dreamweaver 流体网格布局用于设计自适应网站的系统。它包含三种布局和排版规则的预设，全部基于单一的流体网格。

1. 打开"文件"菜单，选择"新建"命令，在打开的"新建文档"对话框中选择"流体网格布局"，如图 12-4 所示。

（1）三种媒体类型布局的中央，显示了网格中默认值的列数。在移动设备中默认为 4 列，平板电脑中默认为 8 列，在台式机中默认为 12 列。如需要自定义设备的列数，将光标置于媒

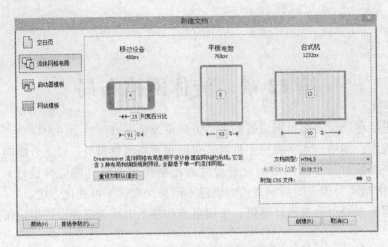

图 12-4　新建流体网格布局文档

体中央，按需要编辑该列数值即可。

（2）三种媒体类型布局媒体类型的下方的百分比数字，表示相对于屏幕大小的页面宽度设置，该数值以百分比形式设置。例如默认移动设备的数值为 91%，则表示所设置的页面宽度占用移动设备的 91%。常用的移动设备为了获得较多页面信息，常采用 100%。

图 12-5 所示为新建移动设备流体网格布局时，采用默认值 91% 和页面宽度改为 100% 设计视图。

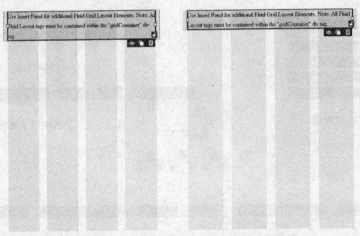

图 12-5　不同页面宽度的流体网格布局

（3）列宽百分比表示栏间距宽度，即两列之间的空间。如图 12-6 所示为新建移动设备流体网格布局时，栏间距采用默认值 25 和改为 30 时的设计视图。

（4）不论手动设置了哪种数值，单击"重设为默认值"按钮均可恢复成系统的默认值。

（5）单击"附加 CSS 文件"右上方的"附加样式表" 按钮，可以指定页面的 CSS 选项。

2. 单击"创建"按钮，弹出"另存为"对话框，如图 12-7 所示。

系统会要求指定一个 CSS 文件。此时可以执行三种操作之一：创建新 CSS 文件、打开现有 CSS 文件和指定作为流体网格 CSS 文件打开的 CSS 文件。

3. 在所选文件夹中命名一个 CSS 文件后，单击"保存"按钮，默认情况下显示适用于移

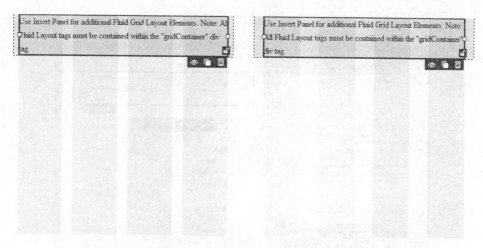

图 12-6　不同栏间距的流体网格布局

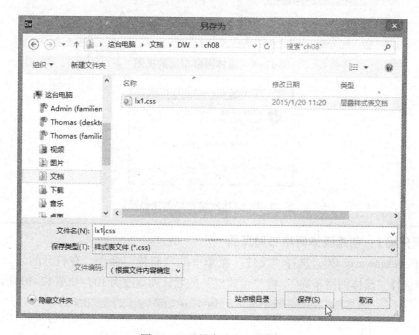

图 12-7　"另存为"对话框

动设备的"流体网格",如图 12-8 所示。同时还显示"流体网格"的"插入"面板,使用"插入"面板中的选项可创建所需要的布局。

　　要修改设计为用于其他设备的布局,应单击设计视图下方选项中的相应图标,768 × 1024 大小的平板电脑图标▉和 1000 像素宽的桌面图标▉。

　　4. 从"文件"下拉菜单中选择"保存"命令,保存此文件为 HTML 文件,此时系统提示将依赖的相关文件(如 boilerplate. css 和 respond. min. js)保存到计算机上的某个位置,如图 12-9 所示。

　　boilerplate. css 是基于 HTML5 的样板文件。该文件是一组 CSS 样式,可确保在多个设备上渲染网页的方式保持一致。respond. min. js 是一个 JavaScript 库,可帮助在旧版本的浏览器中向媒体查询提供支持。

　　5. 单击"确定"按钮,流体网格布局创建成功。

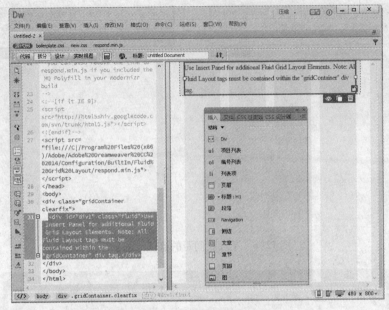

图 12-8 流体网格布局的视图

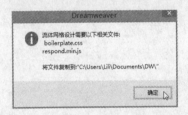

图 12-9 流体网格布局创建提示

案例分解1：创建流体网格布局页面

运行 Dreamweaver CC，选择"文件"菜单下的"新建"命令，在打开的"新建文档"对话框中选择"流体网格布局"，将"台式机"的默认列数改为10，如图 12-10 所示。

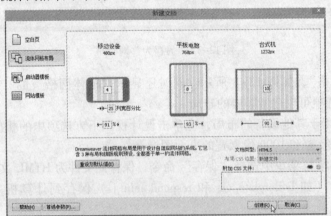

图 12-10 创建新的流体网格布局文档

另存为 CSS 和 HTML 两个文件。

12.1.2 插入流体网格元素

在如图 12-8 所示新建流体网格布局中，默认信息右下方的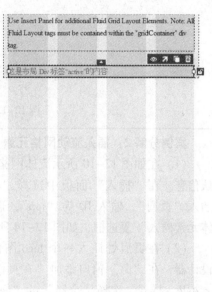分别为"隐藏 DIV#div1"、"重置 DIV#div1"和"删除 DIV#div1 的 HTML 和 CSS"按钮。在"插入"面板中列出了可在流动网格布局中使用的元素，在插入元素时，必须选择作为流体元素插入，如图 12-11 所示。

选择类或为类命名，或者输入 ID 值。"类"菜单显示在创建页面时指定的 CSS 文件中的类，如图 12-12 所示插入类名为"active"的 Div。

图 12-11　选择作为流体元素插入

图 12-12　插入的流体元素

如图 12-12 所示，当选择一个已插入流动网格布局中的元素时，页面上会显示用于隐藏、复制或删除 Div 的选项。对于相互重叠的 Div，还将显示交换 Div 的选项。如表 12-1 所示为流动网格布局中的 Div 选项及其标签、说明。

表 12-1　流动网格布局中的 Div 选项及说明

选项图标	标　签	说　明
▲ ▼	交换 Div	交换当前所选元素与上方或下方的元素
	隐藏	隐藏元素。 要取消隐藏元素，执行以下操作之一： 要取消隐藏 ID 选择器，将 CSS 文档中的显示属性更改为块。（display：block） 要取消隐藏类选择器，请在源代码中删除应用的类（hide_）
↗	上移一行	将元素上移一行
↙	开始新行	将元素下移重新开始一行
	复制	重制当前所选元素。还会重制链接到该元素的 CSS
	删除	对于 ID 选择器，同时删除 HTML 和 CSS。仅删除 HTML，请按"删除"按钮。 对于类选择器，仅删除 HTML
	锁定	将元素转换为绝对定位的元素
	对齐	对于类选择器，"对齐"选项充当零边距按钮。 对于 ID 选择器，"对齐"按钮将元素和网格对齐

选择元素边界，然后按住鼠标左键，可左右方向转动页面上的流体元素，如图 12-13 所示。

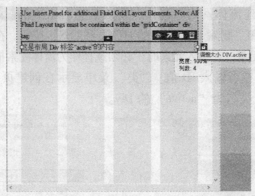

图 12-13　调整流体元素的大小

案例分解 2：插入流动网格元素

（1）在如图 12-10 所示流体网格布局页面中，单击删除按钮  ，删除 DIV 中的默认信息。在"插入"面板中选择"结构"类别，插入"页眉"，输入 ID 为"top"，选中"作为流体元素插入"复选框，如图 12-14 所示。

（2）在页眉处插入一个 logo 图像，打开 CSS 设计器，在"源"窗口添加"在页面中定义"即 <style> 样式，选择"全局"的"@媒体"，并添加新的选择器"#top img"，然后设置 logo 图像的属性，如图 12-15 所示。

（3）将光标置于 logo 图像右侧，按〈Enter〉键，插入"Navigation"，命名其 ID 为"main-Menu"，如图 12-16 所示。

图 12-14　作为流体元素插入页眉

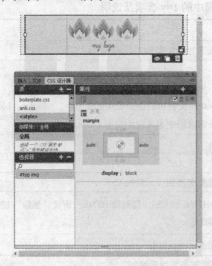

图 12-15　在 CSS 设计器中设置页面 logo 属性

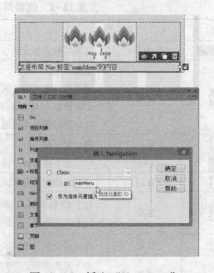

图 12-16　插入"Navigation"

（4）在"Navigation"中插入"项目列表"，命名 ID 为"menuSystem"，并在"项目列表"内容处插入"列表项"，命名其 Class 为"menuItem"，如图 12-17 所示。

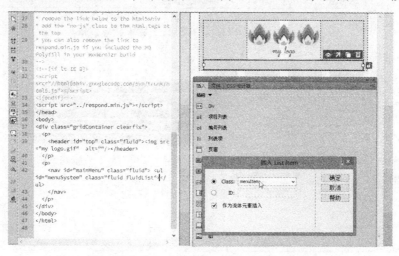

图 12-17　插入"项目列表"和"列表项"

（5）在列表项中输入内容"关于"，并单击列表项上方的复制按钮 ⬜，复制列表项，修改各列表项名称为"目录"、"资源"、"特色"和"联系"，如图 12-18 所示。

（6）在 CSS 设计器中选择"全局"，为列表项添加选择器".menuItem"，并设置属性，如图 12-19 所示。

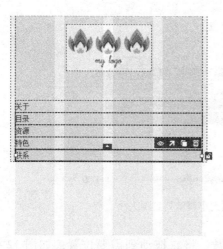

图 12-18　复制列表项并命名

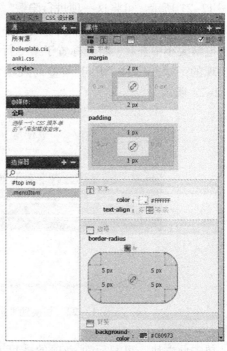

图 12-19　为列表项设置 CSS 属性

（7）在标题处输入文本"my menu"，如图 12-20 所示。

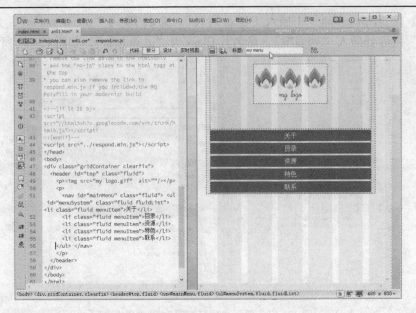

图 12-20　输入标题

（8）切换到"设计"视图，将光标放置于任
意一列表项，出现上 ▲ 箭头和下 ▼ 箭头，单击此
箭头可以将列表项向上或向下移动一行。将光标放
置于"特色"一项，单击其右上方的隐藏按钮，
如图 12-21 所示。可将这一项进行隐藏。

（9）单击页面右下角的平板电脑大小按钮，在
平板电脑大小中查看，将光标置于第一行，该行右
侧出现的一个小方块，用于调整列表项大小，如
图 12-22 所示。

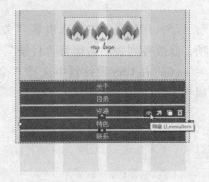

图 12-21　隐藏列表项

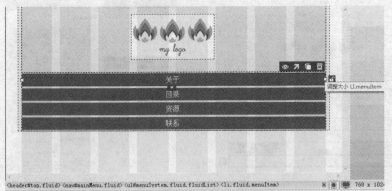

图 12-22　切换到平板电脑大小调整列表项大小

单击此方块，可显示列表项的宽度和列数，将它拖动到需要位置，如图 12-23
所示。

（10）将列表项调整为 2 列宽，如图 12-24 所示。

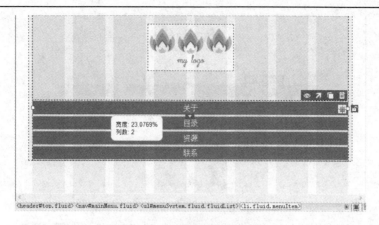

图 12-23　调整列表项宽度

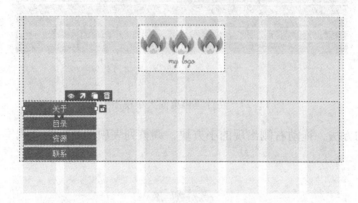

图 12-24　调整列表项为 2 列宽度

（11）单击上斜箭头 按钮调整列表项为横向排列，如图 12-25 所示。

图 12-25　调整列表项为横向排列

第一个列表项左侧出现对齐箭头 ，单击此按钮，将列表项左侧设置为零边距，四个列表项可以并排水平排列，如图 12-26 所示。

通过单击下斜箭头 按钮将列表项重新调整为纵向导航栏，如图 12-24 所示。

（12）单击页面右下角的桌面大小按钮，在计算机桌面大小视图中查看，在平板电脑视图中的"特色"一项显示出来，如图 12-27 所示。

图 12-26　将列表项左侧调整为零边距

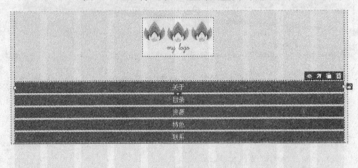

图 12-27　在计算机桌面大小视图中查看

用同样的方法，拖动右侧出现的小方块，调整列表项的宽度为 2 列宽，如图 12-28
所示。

图 12-28　将列表项水平排列

单击第一个列表项左侧对齐箭头 按钮，将其左侧设置为零边距，五个列表项并
排水平排列，如图 12-29 所示。

图 12-29　调整列表项左侧为零边距

在"文件"的下拉菜单中单击"保存全部"命令，按〈F12〉键进行预览。在用
不同大小的浏览器浏览时，页面显示内容随之而变，如图 12-1 ~ 图 12-3 所示。

12.2 上机实训

(一) 内容要求

应用流体网格布局制作页面，在手机大小视图中如图 12-30 所示，在平板电脑大小视图中如图 12-31 所示，在计算机桌面大小视图中如图 12-32 所示。

图 12-30　手机大小效果

图 12-31　平板电脑大小效果

图 12-32　计算机桌面大小效果

(二) 技术步骤

(1) 运行 Dreamweaver CC，选择"文件"菜单下的"新建"命令，在打开的"新建文档"对话框中选择"流体网格布局"，单击"重设为默认值"按钮将所有设备参数设为默认值，如图 12-4 所示。另存为 shixun12. css 和 shixun12. html。

(2) 单击删除按钮 🗑，删除 DIV 中的默认信息。在"插入"面板中选择"结构"类别，插入"页眉"，输入 ID 为"top"，选中"作为流体元素插入"复选框，在页眉处插入"标题

H1"，输入其 Class 为"title1"，将标题 1 改为"我的空间"。

（3）打开 CSS 设计器，在"源"窗口添加 < style > 样式，选择"全局"，并添加新的选择器"．title"，设置文本属性为深蓝色#000066，大小为 40px，居中。

（4）按〈Enter〉键，插入"Navigation"，命名其 ID 为"nav"，在"Navigation"中插入"项目列表"，命名 ID 为"ul"，并在"项目列表"内容处插入"列表项"，命名其 Class 为"listItem"。在列表项中输入内容"首页"，并单击列表项上方的复制按钮🔲，复制列表项，修改各列表项名称为"新闻""图片"和"关于"。在 CSS 设计器中选择"全局"，为列表项添加选择器"．listItem"，并设置其属性，如图 12-33 所示。

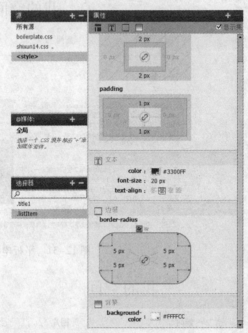

图 12-33　设置"Navigation"

（5）单击"隐藏"按钮将"新闻""图片"和"关于"列表项隐藏。

（6）单击页面右下角的平板电脑大小按钮，在平板电脑大小中查看，将光标置于第一行，单击右侧的小方块，拖动它至列数为 2，如图 12-34 所示。

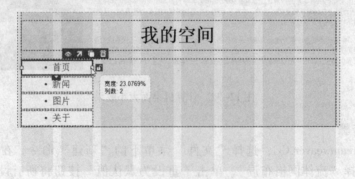

图 12-34　在平板视图中调整列表一

单击上移箭头↗按钮调整列表项为横向排列，如图 12-35 所示。

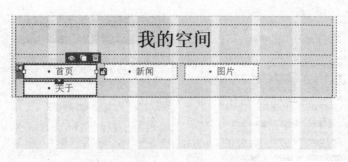

图 12-35　在平板电脑视图中调整列表二

单击第一个列表项左侧的对齐箭头  按钮，将列表项左侧设置为零边距，如图 12-36 所示。

图 12-36　在平板电脑视图中调整列表三

（7）单击页面右下角的桌面大小按钮，在桌面电脑大小视图中查看，将光标置于第一行，单击右侧的小方块，拖动它至列数为 3。

单击上移箭头 ↗ 按钮调整列表项为横向排列，再单击第一个列表项左侧的对齐箭头 ◀ 按钮，将列表项左侧设置为零边距。

（8）回到手机大小视图，在"页面"后作为流体元素插入一个"结构"→"Div"，ID 为"line"，在其中插入水平线，如图 12-37 所示。

（9）插入一个"作为流体元素"的"标题2"，在其中输入文本"新天鹅堡"，如图 12-38 所示。

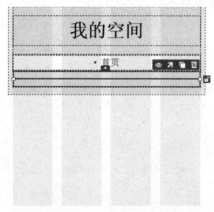

图 12-37　插入水平线

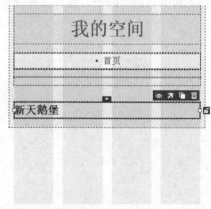

图 12-38　插入标题2

（10）插入一个"作为流体元素"的"文章"，Class 命名为"article"，在"文章"中插入图片，输入相应的文本，如图 12-39 所示。

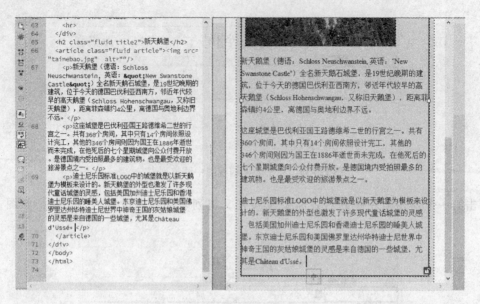

图 12-39   插入文章

在 CSS 设计器中设置图片的属性，margin 为 10px，右浮动，display 为 block。

（11）保存全部，按〈F12〉键预览，即为所需要效果。

12.3   习题

一、填空题

1. 在流体网格布局中设置相对于屏幕大小的页面宽度，该数值以_____形式设置。

2. 在流动网格布局中插入元素时，必须选择作为_____插入。

3. 在流动网格布局中制作网页时，要保存两个文件，分别为_____和_____文件。

二、简答题

1. 什么是流体网格布局？

2. 流动网格布局中的 Div 都有哪些选项，其含义是什么？

第13章 行　　为

网页行为是页面文件在浏览器中呈现后发生变化的活动。

Dreamweaver CC 内置了一些行为，利用它可以高效地实现网页的互动效果。本章主要学习如何应用行为在 Dreamweaver CC 中制作出较强的交互性能，实现网页的动态效果。行为是 Dreamweaver CC 中一个比较强大的工具，用户不需要手动编写多少 JavaScript 代码，即可实现多种动态网页效果。行为的关键在于 Dreamweaver CC 提供了很多预定动作，这些动作其实就是较为标准的 JavaScript 程序，每个动作可以完成特定的任务。在面板组的行为面板中，可以先指定一个动作，然后指定触发该动作的事件，从而将行为添加到页面中。

13.1　案例1：创建自动关闭网页

【案例目的】利用行为实现创建自动关闭网页，效果如图 13-1 所示。

图 13-1　创建自动关闭网页

【核心知识】打开行为面板，进行行为设置。

13.1.1　什么是行为

行为（Behaviors）是为响应某一具体事件而采取的一个或多个动作，它由对象、事件和动作构成。当指定的事件触发时，将运行相应的 JavaScript 程序，执行相应的动作。网页制作人员可以不用编程，使用这些行为即可实现一些程序动作，如验证表单、打开一个浏览器窗口等，还可以从互联网上下载一些第三方提供的动作来使用。

行为是事件和动作的组合。动作是预先编写好的 JavaScript 脚本代码，执行这些代码，可以完成相应的任务，例如打开浏览器、播放声音或停止 Shockwave 电影等；可以使用 Dreamweaver CC 内置的行为往网页中添加 JavaScript 代码，而不必自己书写，也可以对现有的代码进行修改，使之更符合自己的需要。

事件由浏览器定义，可以绑定到各种页面元素上，也可以绑定到 HTML 标记中。例如 onMouseOver、onMouseOut 和 onClick 等，在大多数浏览器中都是和链接相关联的；onLoad 是和图像以及文档正文相关联的事件。

将事件和动作组合起来，就构成了行为。一般将事件产生的这个过程称为"触发"。

为文档中的对象添加某种行为的操作步骤通常是：选中某个需要添加行为的对象，然后选择某种动作（同时设置一些参数），最好选择当什么事件发生时执行这个动作。

13.1.2 Dreamweaver CC 的内置行为

Dreamweaver CC 内置了很多行为，基本上可以满足普通网页的创作需求。Dreamweaver CC 添加行为下拉列表框中出现的常用的行为动作如表 13-1 所示。

表 13-1 Dreamweaver CC 常用动作及功能

动 作 名 称	动 作 功 能
交换图像	发生设置的事件后，用其他图像来取代选定的图像。可以实现图像感应鼠标的效果
弹出信息	设置事件发生后，显示警告信息
恢复交换信息	恢复设置"交换图像"，却又因为某种原因而失去交换效果的图像
打开浏览器窗口	在新窗口中打开 URL，可以用来定制新窗口的大小
拖动 AP 元素	可以让访问者绝对定位（AP）元素。使用它可以创建拼板游戏、滑块控件和其他可移动的界面元素
改变属性	使用此行为可以更改对象某个属性（例如 Div 的背景颜色或表单的动作）的值
效果	是一种视觉增强功能，可以将它们应用于使用 JavaScript 的 HTML 页面上几乎所有的元素
显示－隐藏元素	可以显示、隐藏或恢复一个或多个页面元素的默认可见性
检查插件	确认是否设有运行网页的插件
检查表单	能够检测到用户填写的表单内容是否符合预先设定的规范
设置文本	设置容器的文本：在选定的容器上显示指定的内容 设置文本域文本：在文本字段区域显示指定的内容 设置状态栏文本：在状态栏中显示指定的内容
调用 JavaScript	事件发生时，调用指定的 JavaScript 函数
跳转菜单	制作一次可以建立若干个链接的跳转菜单
跳转菜单开始	在跳转菜单中选定要移动的站点后，只有单击"开始"按钮才可以移动到链接的站点上
转到 URL	选定的事件发生时，可以跳转到指定的站点或者网页文档上
预先载入图像	为了在浏览器中快速显示图像，事先下载图像之后显示出来

13.1.3 事件

事件是触发动作的原因，它可以被附加到各种页面元素上，例如将鼠标指针移动到图片上，把鼠标指针放在图片之外，单击鼠标左键等，也可以被附加到 HTML 标记中。不同类型的浏览器所支持的事件类型和数量可能不同，通常高版本的浏览器支持更多的事件。如表 13-2 所示是在制作网页时常用的事件及其含义。

表 13-2 Dreamweaver CC 中的常用事件及其含义

事 件 名 称	事 件 描 述
onBlur	当指定元素不再被访问者交互时产生

事 件 名 称	事 件 描 述
onClick	当访问者在指定的元素上单击时产生
onDblClick	当访问者在指定的元素上双击时产生
onFocus	当指定元素被访问者交互时产生
onKeyDown	当按下任意键时产生
onKeyPress	当按下和松开任意键时产生。此事件相当于把 onKeyDown 和 onKeyUp 这两事件合在一起
onKeyUp	当按下的键松开时产生
onLoad	当一图像或网页载入完成时产生
onMouseDown	当访问者按下鼠标时产生
onMouseMove	当访问者将鼠标在指定元素上移动时产生
onMouseOut	当鼠标从指定元素上移开时产生
onMouseOver	当鼠标第一次移动到指定元素时产生
onMouseUp	当鼠标弹起时产生

13.1.4 行为面板

在 Dreamweaver CC 中，对行为的添加和控制主要是通过行为面板实现的。在"窗口"菜单中选择"行为"选项，或者按〈Shift + F4〉组合键，可以打开行为面板，如图 13-2 所示。

在行为列表中，单击██按钮，显示当前文档窗口中选中元素的现有行为，在行为列表左方的"事件"列中显示该行为的触发事件，在右方的"动作"列中显示该事件被触发时要执行的动作。

单击"＋"按钮，可以打开一个菜单，该菜单常被称为动作菜单，可以进行添加行为。单击"－"按钮，可以从当前选中元素的现有行为列表中删除选中的行为和动作。

在行为列表中选中行为项后，可以通过单击事件列右方的箭头按钮，打开一个菜单，该菜单常被称为事件菜单，可以为该行为选择不同的触发事件。

在行为列表中，单击██按钮，显示当前文档窗口中选中元素的可选事件，左方显示事件，右方显示当前元素所选事件所调用 javascript 函数，如图 13-3 所示。

图 13-2　行为面板

图 13-3　选中元素的可选事件

如果在行为列表中显示了多个行为，它们将按照从上至下的顺序执行。通过单击面板右上角的箭头按钮 ▲，可以把选中行为在行为列表中向上移动；单击箭头按钮 ▼，可把选中行为向下移动，从而改变其执行次序。

案例分解：调用 JavaScript

（1）在 Dreamweaver CC 中打开要添加行为的页，选中要绑定行为的对象，如段落"这是设定了样式的文字，单击它立即关闭页面"，指定其触发动作为"onClick"。

（2）打开行为面板并单击行为面板上的" + "按钮，在图 13-2 所示动作菜单中选择"调用 JavaScript"，弹出如图 13-4 所示对话框，输入需要执行的 JavaScript 语句或输入要调用的函数名称"self. close( )"。

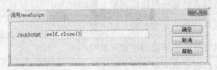

图 13-4　调用 Javascript 函数

（3）单击"确定"按钮，保存文档，按〈F12〉键在浏览器中可预览到如图 13-1所示效果。

13.2　案例 2：制作加载时弹出公告页、关闭时弹出信息的网页

【案例目的】利用"行为"，制作加载时弹出一个公告页的网页（如图 13-5 所示），当关闭该网页时，弹出一个告别信息（如图 13-6 所示）。

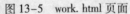

图 13-5　work. html 页面

图 13-6　弹出关闭信息

【核心知识】绑定行为，选择事件，应用"打开浏览器窗口"和"弹出信息"行为。

13.2.1　绑定行为

通常在打开网站页面时，同时会弹出写有通知事项或特殊信息的小窗口，这时可以将行为绑定到整个文档（body 部分），也可以绑定到链接、图像、表单等对象或任何其他 HTML 元

素，如果浏览器支持该行为，它会显示在菜单栏中。

（1）在代码视图中选中要绑定行为的对象。如果要将行为绑定到整个页面，就在代码视图下方的标签栏中，单击＜body＞标签使标签栏变为 ，＜body＞与＜/body＞之间的代码底色也改变为蓝色，如图 13-7 所示。

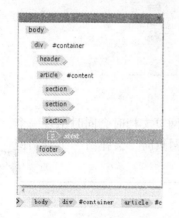

图 13-7　标签窗口

在 Dreamweaver CC 2014 中，可以单击标签窗口的标签"＜/＞"，打开快速标签视图，颜色深的是当前标签，如图 13-8 所示。

单击最上面的标签"body"，可以选定整个网页对象 body，这时"行为"面板上方显示"标签＜body＞"字样。body 背景色变为蓝色，标签树也折叠起来 。

（2）在行为面板中单击"＋"按钮，打开如图 13-2 所示的动作菜单，选择需要绑定的行为项，变为灰色的菜单项说明当前对象不支持该行为。

（3）根据所选择的不同的菜单项，将出现一个不同的对话框，显示该动作的参数设置选项。

（4）动作设置好后，可以进行事件定义。在"行为"面板中，单击"事件"栏右侧的小三角形按钮，在弹出的下拉列表中选择一个合适的事件，如图 13-9 所示。

如果设置了多个事件，则按事件的字母顺序进行排列。如果同一个事件有多个动作，则将以在列表上出现的顺序执行这些动作。如果行为列表中没有显示任何行为，则说明没有行为绑定在当前所选的对象，如图 13-10 所示，"行为"面板中显示了 3 个事件。

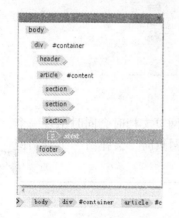

图 13-8　展开的标签树图　　　图 13-9　选择事件　　　图 13-10　"行为"面板中的多个事件

案例分解：应用"打开浏览器窗口"行为

（1）在 Dreamweaver CC 中新建一个网页，保存为 work. html。

（2）打开需要添加弹出公告的网页文档，在"标签选择器"中单击＜body＞标签，选定整个网页。这时"行为"面板上方显示"标签＜body＞"字样。

（3）在行为面板上单击"添加行为"按钮"＋"，在图 13-2 所示菜单中选择"打开浏览器窗口"命令，弹出如图 13-11 所示的对话框。

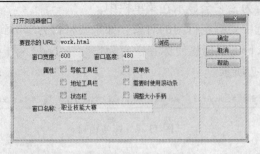

图 13-11 "打开浏览器窗口"动作对话框

在此可以指定新窗口的名称、大小等属性，是否可以调整大小、是否具有菜单栏等特性。如果不指定该窗口的任何属性，在打开时其大小和属性与打开它的窗口相同。指定窗口的任何属性都将自动关闭所有其他未明确打开的属性。

可以使用此行为在访问者单击缩略图时，在一个单独的窗口中打开一个较大的图像；也可以使新窗口与该图像一样大。

（4）然后单击"确定"按钮，在行为面板左边的事件栏中，该动作的默认行为事件"onLoad"出现在"事件"列表中。

（5）单击 < body > 标签，选定整个网页，在行为面板上单击"添加行为"按钮，选择"弹出信息"命令，弹出如图 13-12 所示的对话框。在"消息"文本框中输入"谢谢，欢迎下次光临！"。

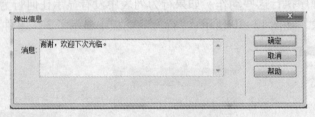

图 13-12 "弹出信息"对话框

（6）将事件设置为 onUnLoad，保存页面。此时在加载网页文档时会同时出现一个 600×480 像素的窗口，窗口内容如图 13-5 所示，当关闭网页时，会弹出一个告别窗口，如图 13-6 所示。

13.2.2 修改行为

行为绑定之后，还可以改变触发动作的事件、添加或删除动作以及改变动作的参数等。

选择一个绑定行为的对象，打开行为面板，事件按字母顺序出现在面板中，相同的事件有若干个动作，动作将按执行顺序排列。选中并单击"→"按钮或按〈Delete〉键可以删除行为。

要改变动作的参数，双击动作或选中背景变蓝色后，按〈Enter〉键，在出现的对话框中改变其参数。如果背景变灰色，则按〈Enter〉键不会弹出对话框。

改变动作的参数时，右键单击动作，在弹出的下拉列表中单击"编辑行为"，如图 13-13 所示，在弹出的对话框中修改即可。

图 13-13 编辑动作

如果要改变给定事件的动作顺序，则选中行为后单击"增加事件值" ▲ 或"降低事件值"
▼ 按钮即可。也可以右键双击事件，在弹出的右键菜单中选择操作，进行剪切，并将它粘贴
到其他动作中所需的位置。

13.3 案例 3：交换图像和恢复交换图像并在状态栏显示信息

【案例目的】利用行为的"交换图像"动作，通过改变 <img> 标签的 src 属性，将一幅翠
竹图像，变换为另外一幅雕塑图像，并能在浏览器窗口底部左侧的状态栏中显示消息"图像
已经转换成功!"；当鼠标离开此图像时，恢复显示原始图像，如图 13-14 所示。

图 13-14 交换图像

【核心知识】在行为面板中设置事件。

"交换图像"可创建按钮变换以及其他图像效果（包括一次交换多个图像）。

"设置状态栏文本"可以重新设置当事件触发时状态行上的提示信息内容，对于自己的网
站可以起到很好的广告作用。

案例分解 1：插入需要交换的图像

（1）准备 2 幅高度宽度相同大小的图像。

（2）在 DW CC 中，新建一个网页文档，选择"插入"菜单下的"图像"命令，然
后在弹出的对话框中选择一张图像，单击完成插入。

（3）选中刚插入的图像，在"属性"检查器中出现这个图像的属性，在文本框中
设置图像 ID 为 img0。

案例分解 2：添加"交换图像"行为

（1）选中将要绑定行为的图片 img0，打开行为面板，然后单击行为面板上的" + "
添加行为按钮，打开动作菜单，随后选择"交换图像"命令，系统弹出如图 13-15 所
示对话框。

图 13-15 交换图像对话框

（2）单击"浏览"按钮选择新图像文件，或在"设定原始档为"文本框中输入新图像的路径和文件名。

（3）选中"预先载入图像"复选框，则无论图像是否显示，都会被下载到浏览器的高速缓存中，以防止因为变换图像下载而导致的延迟。

（4）如果要使鼠标移动到图像外面时恢复初始图像，可以选中"鼠标滑开时恢复图像"。

（5）单击"确定"按钮，验证默认事件是否正确。

由于只有 src 属性会受到此行为的影响，应使用与原始尺寸（高度和宽度）相同的图像进行交换。否则，换入的图像显示时会被压缩或扩展。

案例分解 3：添加"设置文本"行为

（1）在确保图像对象处于选中状态下，继续在"行为"面板中单击行为面板上的"+"按钮，选择"设置文本"菜单下的"设置状态栏文本"命令，系统弹出如图 13-16 所示对话框。

（2）输入"鼠标在图像上，交换图像"，单击"确定"按钮，可以预览验证默认事件是否正确。如果不正确，按事件右侧的下拉三角形按钮"▼"，从下拉菜单中选择"onMouseOver"事件，如图 13-17 所示。

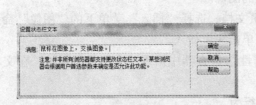

图 13-16　交换图像对话框　　　　图 13-17　更改默认事件

（3）重复步骤（1）（2）（3），在步骤（2）输入"鼠标滑过，恢复图像成功"，在步骤（3）选择"onMouseOut"事件。按〈F12〉键，可以预览所设置的效果。

案例分解 4：将变换图像还原为其初始图像

（1）"恢复交换图像"行为，可以将最后一组交换的图像恢复为以前的源文件。一般情况下，在设置交换图像动作时，会自动添加交换图像恢复动作，因此当鼠标离开对象时自动恢复原始图像。确定图像仍处于选中状态，窗口的行为面板中出现了 4 个动作，这些动作是设置完行为动作后自动生成的，如图 13-18 所示。

"onMouseOut"事件，指当鼠标离开图像时恢复交换图像。

"onMouseOut"事件，指当鼠标离开图像时显示设置好的状态栏文本。

"onMouseOver"事件，指当鼠标位于图像上时交换图像。

"onMouseOver"事件，指当鼠标位于图像上时显示设置好的状态栏文本。

（2）如果在设置变换图像动作时，没有选中"鼠标滑开时恢复图像"，可以手工为变换图像恢复动作。选中已绑定变换图像行为的对象，激活行为面板，单击行为面板上的"+"按钮，打开动作菜单，选择"恢复交换图像"命令，系统弹出如图 13-19 所示的对话框。

图 13-18　设置行为动作后的行为面板

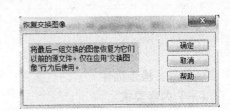

图 13-19　恢复交换图像对话框

（3）单击"确定"按钮，保存操作即可。

13.4　上机实训

项目一：改变属性

（一）内容要求

使用"改变属性"行为更改对象某个属性的值，比如 Div 的背景颜色，表单的动作属性等。

（二）技术要求

（1）在 Dreamweaver CC 中创建插入一个段落 <p>，并且在其中输入相应的文字，选中该段落，打开"行为"面板，从其动作菜单中选择"改变属性"命令，系统出现如图 13-20 所示对话框。

（2）从"元素类型"下拉列表中选择某个元素类型，以显示该类型的所有标识的元素。

（3）在"元素"下拉列表中，自动显示当前页面中已选中元素类型的属性，可以改变的对象 ID 或名称，从"元素 ID"菜单选择一个元素。

（4）从"属性"选项中选择一个属性，或在框中输入该属性的名称。

"选择"：从右方的下拉列表中可以选择要修改的属性名称。

"输入"：可以自行在文本框中输入要修改的属性名称。

（5）在"新的值"文本框中，输入属性的新值。

从"选择"下拉列表中选 backgroundColor（改变对象的背景色），并在"新的值"中输入将要改变的背景颜色代码，例如#FFFF00。

（6）将行为的触发事件设置为 OnClick。按〈F12〉键进行预览，单击 P 元素所在区域，文字背景变为黄色，效果如图 13-21 所示。

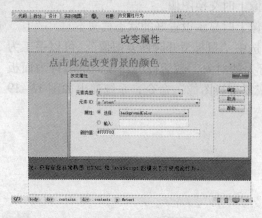 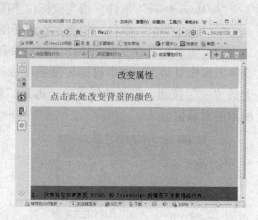

图 13-20　为段落改变属性　　　　　　　图 13-21　改变属性后的文字背景

项目二：检查插件

（一）内容要求

使用"检查插件"，检查用户浏览器中是否安装有指定插件，分别为安装插件和未安装插件的用户显示不同的网页。如果能播放所设置的插件，则进行播放。如果浏览器不能播放，则被转到另一个页面。

（二）技术要求

（1）打开 HTML 文档，选择其中的文字，在属性面板中设置空链接，打开行为面板，单击行为面板上的"＋"按钮，在弹出的菜单中选择"检查插件"命令，系统弹出如图 13-22 所示对话框。

图 13-22　检查插件对话框

（2）在"插件"下拉列表中选择一个插件，Dreamweaver CC 支持的插件有 Flash、Shockwave、LiveAudio、Quick Time 和 Windows Media Player 插件等。

（3）在"如果有，转到 URL"文本框中，设置当检查到用户浏览器中安装了插件时，所跳转到的 URL 地址。

（4）在"否则，转到 URL"中，设置当检查到用户浏览器中未安装插件时，所跳转到的 URL 地址。

（5）如果选中"如果无法检测，则始终转到第一个 URL 地址"，则在无法检查浏览器是否安装插件的情况下，直接跳转到"如果有，转到 URL"所指定的 URL 地址。

（6）将行为的触发事件设置为 OnFocus。单击"确定"按钮，保存文档，按〈F12〉键进行预览，如果有该 Flash 插件，则会正常播放，否则会跳转到设置的 URL。

项目三：拖动 AP 元素

（一）内容要求

使用"拖动 AP 元素"行为允许访问者拖动绝对定位的 AP 元素。此行为可创建拼板游戏、滑块控件和其他可移动的界面元素，从而实现某些特殊的页面效果。

（二）技术要求

（1）打开网页文档，将光标置于文档中，单击"插入"菜单，选择"Div"命令，在弹出的"插入 Div"对话框中输入 ID 号"apDiv"。

（2）单击"新建 CSS 规则"按钮，在弹出的"新建 CSS 规则"对话框中单击"确定"按钮，弹出如图 13-23 所示对话框，然后选择分类栏"定位"，填写宽、高、定位、可见等。

图 13-23　Div 的 CSS 规则

（3）将光标置于新建的 AP Div 中，插入一幅图像。

（4）将光标置于 Div 外，从"行为"面板的"添加行为"菜单中选择"拖动 AP 元素"，弹出如图 13-24 所示对话框。

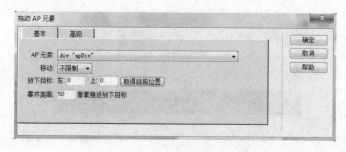

图 13-24　拖动 AP 元素对话框

- AP 元素：选择要拖动的 AP Div。
- 移动：在弹出菜单中选择"限制"或"不限制"。选择"限制"，则选项卡中会多出设置限制区域大小的选项；选择"不限制"则表示浏览者可以在网页上自由拖动 AP Div。
- 放下目标：在此可以设置拖动元素被移动到的位置。单击"取得当前位置"按钮，可以在"左"和"上"文本框中输入距离网页左边界或顶端的像素值。
- 靠齐距离：输入层相距目标位置靠齐的最小像素值，当层移动的位置同目标位置之间的像素值小于这个设置时，分层会自动靠齐到目标位置上。

(5) 单击"高级"选项，进入如图 13-25 所示对话框，在此可以设置 AP Div 的拖动柄、跟踪 AP Div 的移动或设置放置 AP Div 分层时相应的触发动作。

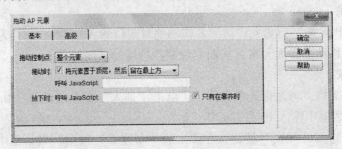

图 13-25　拖动 AP 元素的高级选项

- 拖动控制点：用来选择 AP Div 可拖动的区域。选择"整个元素"，鼠标放在层的任意位置都可以拖动元素；选择"元素内区域"，可以确定 AP Div 的固定区域为拖动区域。
- 拖动时：将元素置于顶层，可以使 AP Div 在被拖动的过程中，一直处于顶层。
- 然后：在此设置拖动结束后 Div 层是留在最上面还是恢复原来的 Z 轴位置。
- 呼叫 JavaScript：输入浏览者在拖动元素的过程中执行的 JavaScript 代码或函数。
- 放下时，呼叫 JavaScript：输入浏览者在释放鼠标后执行的 JavaScript 代码或函数。
- 只有在靠齐时：设置置于当 AP Div 移动到接近目标位置并靠齐时，才执行上述 Java-Script 代码或函数。

(6) 单击"确定"按钮，保存文档，按〈F12〉键预览，效果如图 13-26 所示。

图 13-26　可以拖动 AP 元素到任意位置

提示：不能将拖动层的动作与使用 onMouseDown 事件的对象相连。

项目四：跳转到 URL

（一）内容要求

利用"转到 URL"行为，在当前窗口或指定框架中打开这个新的页面。这样当网址改变后，以前的客户还能继续访问新网址。

（二）技术要求

（1）创建新网页并命名 ch11 - 4 - 4. html，如图 13-27 所示。

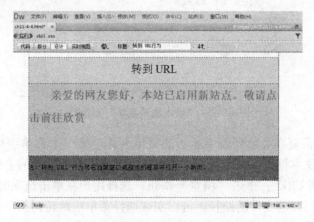

图 13-27　指定新网页

（2）在此网页文档左下方单击标签"body"，然后从"行为"面板的"添加行为"菜单中选择"转到 URL"命令，系统弹出如图 13-28 所示对话框。

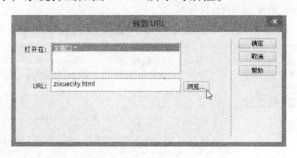

图 13-28　转到 URL 对话框

（3）单击"浏览"按钮选择要打开的文档，或在"URL"框中输入该文档的路径和文件名。单击"确定"按钮，设置事件为 onclick。

（4）选择需要更改新网址的网站首页，单击标签"body"选中网页文档，为其添加行为"转到 URL"命令，在图 13-28 所示对话框中设置"URL："为"to ch11 - 4 - 4. html"。单击"确定"按钮，设置事件为 onload。按〈F12〉键预览，在装载旧页面时，自动跳转到图 13-27 所示提示页面，单击此页面，则会转到 zixuecity. html 网页。

项目五：跳转菜单

（一）内容要求

制作一个下拉菜单，当选择下拉菜单中的"菜单项目"时，可以跳转到相应的链接上。

（二）技术要求

（1）创建新网页，打开"插入"菜单，选择"表单"命令，在弹出的子菜单中选择"选择"命令,在文档中插入选择表单项,选中该表单项,为其添加行为"跳转菜单"。

(2)在"跳转菜单"对话框中,通过单击"+"和"-"按钮添加删除菜单项,如图 13-29 所示。

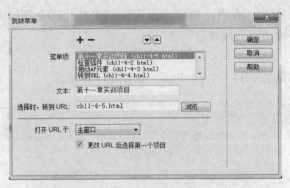

图 13-29 "输入跳转菜单"对话框

- "文本":输入需要在菜单列表中显示的菜单名称,第一个菜单项中输入的内容将直接显示在页面的文本框中,可以输入一些提示性的文本作为菜单的主体。
- "选择时,转到 URL":单击"浏览"按钮,选择用户在单击选项时要打开的相应文件;或直接输入要打开的文件的路径。可以实现选择菜单项跳转到某个特定的网页。
- "打开 URL 于":用于设置下拉菜单中选择文件打开的位置。选择"主窗口"时,文件打开在同一个窗口;选择另一个菜单项,文件将在该框架中打开。
- "更改 URL 后选择第一个项目":当浏览者在表单中选择相应的菜单进行跳转后,菜单项会自动将第一项菜单显示在表单框中。

(3)单击"确定"按钮,文档中创建了一个列表类型的表单对象,如图 13-30 所示。

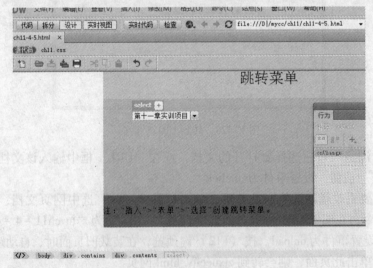

图 13-30 跳转菜单

(4)在行为面板上选中"跳转菜单"并双击,如图 13-31 所示,系统返回图 13-29 所示的对话框"跳转菜单"对话框,可以对跳转菜单进行编辑修改。

(5)单击"确定"按钮,按〈F12〉键进行预览,效果如图 13-32 所示,单击选择各个下拉菜单,可以转到相应的 URL 中。

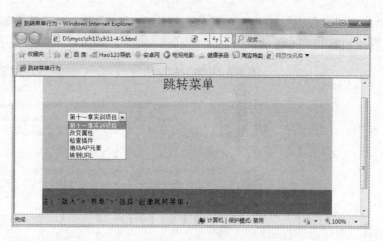

图 13-31　行为面板　　　　　　　　　图 13-32　跳转菜单制作效果

项目六：预先载入图像

（一）内容要求

使用"预先载入图像"动作，可以使浏览器下载尚未在网页中显示，但是可能显示的图像，比如用行为或 JavaScript 变换的图像，并将其存储在本地缓存中，以便脱机浏览。

（二）技术要求

（1）打开网页，选中要绑定动作的对象，如果想让文档被打开后自动下载图像，可以单击"body"按钮，将整个文档作为绑定动作的对象。

激活行为面板，单击行为面板上的"＋"按钮，打开动作菜单，选择"预先载入图像"命令，系统弹出如图 13-33 所示的对话框。

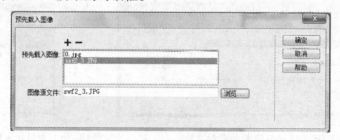

图 13-33　"预装载入图像"对话框

（2）单击"浏览"按钮，添加预先载入图像。单击"＋"按钮，重复此步骤，可以添加更多的图像。

（3）选中某项，单击"－"按钮，可以取消对该图像的预载设置。单击"确定"按钮，确定操作，在行为面板中将此行为事件设为 OnLoad。

项目七：显示/隐藏元素

（一）内容要求

单击文本实例时，显示其信息，当鼠标离开此文本实例时，再将此信息层隐藏。这使得用户和页面产生交互时，可以显示一些非常有用的信息及动态效果。

（二）技术要求

（1）在 Dreamweaver CC 中打开需要设置显示/隐藏元素的网页，将光标放置在页面上，执行"插入"菜单下的"Div"命令，在插入 Div 对话框中输入 ID 为"intext"，单击对话框中的

"新建 CSS 规则"按钮,在其 CSS 规则定义对话框中,设置其背景色为粉色 #ECC3C3;定位属性如图 13-34 所示。

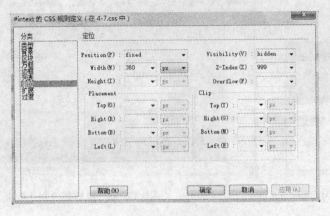

图 13-34   Div 定位设置

在属性面板上设置文字大小为 small,颜色为#000000 黑色。

(2) 在 Div 中输入相应的文字。选中图像,打开行为面板,添加"显示-隐藏元素"行为,弹出"显示-隐藏元素"对话框,在对话框中选择 div"intext",单击"显示"按钮,如图 13-35 所示,然后单击"确定"按钮。在"行为"面板的动作中将其事件设置为"onMouseOver"。

(3) 重新选中图像并添加"显示-隐藏元素"行为,在上图对话框中选择 div"intext",单击"隐藏"按钮,然后单击"确定"按钮。在"行为"面板的动作中将其事件设置为"onMouseOut",如图 13-36 所示。

图 13-35   显示-隐藏元素对话框

图13-36   为显示-隐藏设置行为事件

(4) 保存文档,按〈F12〉键预览。当鼠标经过图像时,自动显示 intext 中的文本内容;当鼠标离开图像时,又自动隐藏 intext 中的文本内容,如图 13-37 所示。

图 13-37   显示/隐藏 Div 中的文本内容

项目八：检查表单

（一）内容要求

利用"检查表单"可以为文本域设置有效性规则，比如有些文本框中只能填写数字；而有些可以填写字母、数字等任意字符。用来检查文本域中的内容是否有效，以确保用户输入了正确的数据。

当对表单中姓名和电子邮件地址进行验证时，如果各项都填写正确，单击"提交"按钮，则提交表单。否则拒绝提交表单。

（二）技术要求

（1）在 Dreamweaver CC 中打开制作的表单网页文档，单击表单中的"提交"按钮，打开行为面板，单击行为面板上的"＋"按钮，打开动作菜单，选择"检查表单"命令，系统弹出如图 13-38 所示的对话框。

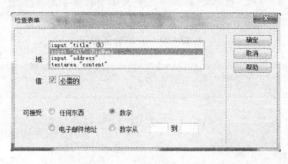

图 13-38　"检查表单"对话框

（2）在对话框中，进行相应的设置。

- "域"：用来选择要检查数据有效性的表单对象，通常是当前页面中的文本域对象。
- "值"：设置该文本域中是否为必填写的文本域。选中"必需的"复选框，表明该文本域中必须填写内容；清除该复选框，则表明该文本域中可以不填写内容。

"可接受"区域中可以设置文本域中可填写数据的类型。

- "任何东西"：包括字符、数字等任意类型的数据。
- "数字"：只能输入数字。
- "电子邮件地址"：只能输入电子邮件地址。
- "数字从……到……"：设置输入数字的范围。

（3）重复上述步骤，可以为多个表单对象设置有效性规则。

（4）单击【确定】按钮，保存文档。将按钮事件设置为"onClick"，按〈F12〉键，可以预览效果。当在文本域中输入不规则的电子邮件地址等时，表单将无法正常提交，这时出现提示信息框，并要求重新输入，如图 13-39 所示。

项目九："效果"行为

（一）内容要求

利用"效果"中的"折叠（Fold）"行为为图片设置动态效果，以丰富网页中的特殊效果。

（二）技术要求

（1）在 Dreamweaver CC 中打开网页文档，选中其中的图片对象，在行为面板中选择添加"效果"菜单中的"Fold"命令，如图 13-40 所示。

图 13-39　表单验证提示

图 13-40　为图片选择"效果"→"Fold"

（2）系统弹出如图 13-41 所示的对话框，在其中设置参数。

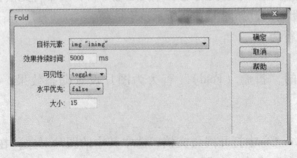

图 13-41　"Fold"对话框

- "目标元素"：选择某个对象的 ID，如果未选择对象，则显示"＜当前选定内容＞"。
- "效果持续时间"：以毫秒为单位定义出现此效果的持续时间。
- "可见性"：有"隐藏（hide）"、"可见（show）"和"切换（toggle）"三个选项。
- "水平优先"："false"表示垂直优先折叠，"true"表示水平优先折叠。
- "大小"：优先折叠方向保留的宽度。

（3）单击"确定"按钮，保存文档，按〈F12〉键预览。单击图片则图片折叠，效果如图 13-42 所示。

图 13-42　单击图片后显示"折叠"的变化效果

13.5　习题

一、填空

1. 行为是_____和_____的组合。

2. 在 Dreamweaver CC 中，对行为的添加和控制主要通过_____实现。

3. 弹出式菜单行为必须附加在_____上。

4. 使用"弹出消息"动作，一般只有一个_____按钮，所以使用此动作只能向用户提供消息而不能使用户做出选择。

二、选择题

1. _____动作可以随浏览者鼠标的移动而发生改变。

　　A. 弹出信息　　　　　B. 拖动 AP 元素　　　C. 效果　　　　　D. 交换图像

2. _____动作可以在当前窗口或指定的框架中打开一个新网页。

　　A. 打开浏览器窗口　B. 预先载入图像　　　C. 跳转菜单　　　D. 跳到 URL

3. 使用_____动作可根据浏览者不同类型和版本的浏览器将它们转到不同的页面。

　　A. 改变属性　　　　　B. 检查表单　　　　　C. 检查插件　　　D. 打开浏览器窗口

三、上机操作题

1. 使用行为面板制作一个弹出信息"链接超时，请重试！"

2. 使用行为面板制作一个按钮，当单击此按钮时，能够在网页中播放设置好的声音文件。

3. 任意制作一幅图像，使用行为面板制作一个文字说明，当鼠标滑过此图像时，显示此说明。

4. 设置一个超链接，使用行为面板实现：当鼠标移动到链接上时，显示的不是链接地址，而是一段文字提示。

第14章 多 媒 体

多媒体技术及网络技术的发展，使得网页中应用的多媒体元素不断多样化，不仅形象地表现网页的内容，而且提升了视觉冲击力。在 Dreamweaver 中设计者能轻松自如地加入动画、视频及音频等。本章主要介绍在 Dreamweaver CC 中插入 Flash、视频及音频的方法。

14.1 案例1：在网页中插入 Flash SWF

【案例目的】在网页中插入 Flash SWF 文件，效果如图 14-1 所示。

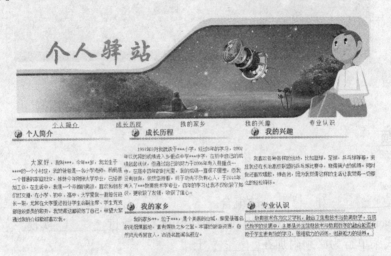

图 14-1 效果图

【核心知识】使用媒体 Flash，为网页制作添加动画效果。

Flash 对象采用的是矢量技术，具有文件小、传输速度快以及交互性强等特点，是网页中广泛使用的元素。一般情况下，通过插入 Flash 动画，制作网页的 Banner。

在 Dreamweaver CC 中可以插入的 Flash 有以下3种文件类型。

1. FLA 文件（.fla）

所有项目的源文件，使用 Flash 创作工具创建。此类文件只能在 Flash 中打开（无法在 Dreamweaver 或浏览器中打开）。可以在 Flash 中打开 FLA 文件，然后将它发布为 SWF 或 SWT 文件，以在浏览器中使用。

2. SWF 文件（.swf）

这是 FLA（.fla）文件的编译版本，已进行优化，可以在 Web 上查看。此文件可以在浏览器中播放，并且可以在 Dreamweaver 中进行预览，但不能在 Flash 中编辑此文件。

3. FLV 文件（.flv）

是一种视频文件，它包含经过编码的音频和视频数据，通过 Flash ® Player 进行传送。

14.1.1 插入 Flash SWF 文件

使用 Dreamweaver 可向页面添加 SWF 文件，在文档中或浏览器中进行预览。在属性检查器中可以设置 SWF 文件的属性。

插入 Flash SWF 文件有三种方法。

1. 在"文档"窗口的"设计"视图中，将光标放置在要插入内容的位置，在"插入"面板的"常用"类别中，选择"媒体"，然后单击 SWF 图标；或者打开"插入"菜单，选择"媒体"命令，在弹出的子菜单中选择"SWF"；还可以直接按〈Ctrl + Alt + F〉组合键。如图 14-2 所示。

2. 系统弹出保存文件对话框，如图 14-3 所示。保存文件后，系统弹出"选择 SWF"对话框，如图 14-4 所示。

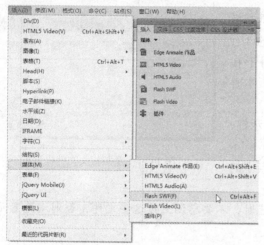

图 14-2　插入媒体

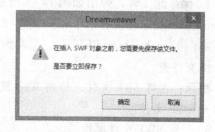

图 14-3　保存文件对话框

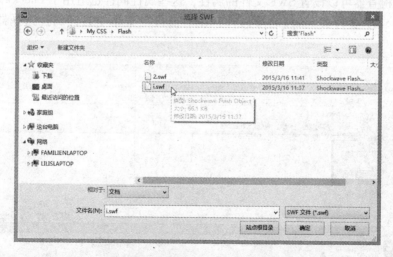

图 14-4　"选择 SWF 文件"对话框

3. 在出现的对话框中，选择一个 SWF 文件（.swf），系统弹出"对象标签辅助功能属性"对话框，如图 14-5 所示。选择"取消"按钮，将在"文档"窗口中显示一个 SWF 文件占位符，如图 14-6 所示。

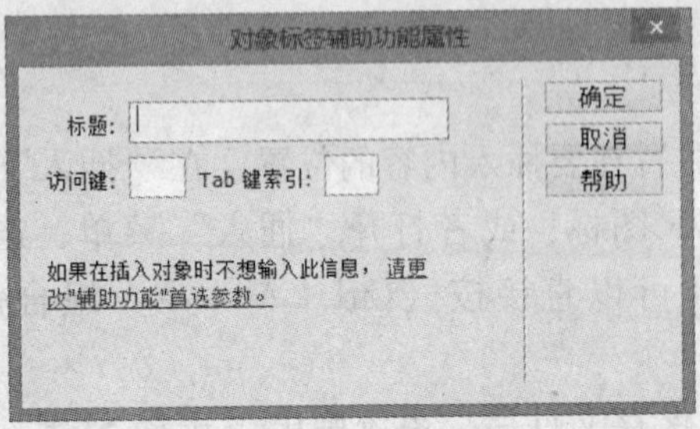

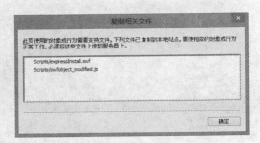

图 14-5　"对象标签辅助功能属性"对话框 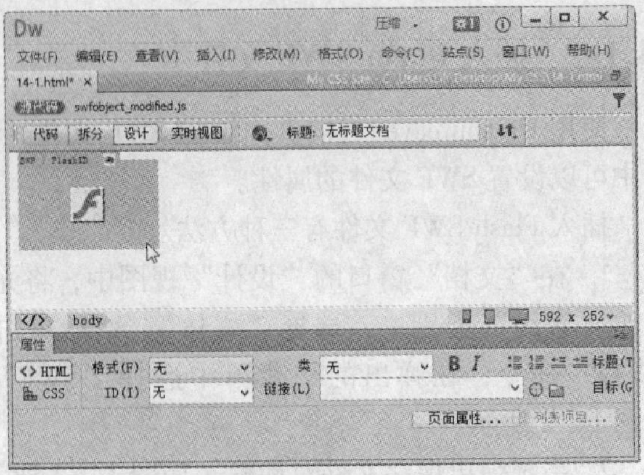　　　图 14-6　SWF 文件占位符

占位符有一个选项卡式蓝色外框，选项卡指示资源的类型（SWF 文件）和 SWF 文件的 ID，选项卡还显示一个眼睛图标。此图标可用于在 SWF 文件和用户在没有正确的 Flash Player 版本时看到的下载信息之间切换。

4. 保存此文件，弹出如图 14-7 所示提示框，Dreamweaver 提示正在将两个相关文件（expressInstall. swf 和 swfobject_modified. js）保存到站点中的 Scripts 文件夹。

图 14-7　复制相关文件提示框

提示：在将 SWF 文件上传到 Web 服务器时，不要忘记上传这些文件，否则浏览器无法正确显示 SWF 文件。

5. 设置 SWF 文件属性

使用属性检查器可以设置 SWF 文件的属性，这些属性同样也适用于 Shockwave 影片。

选择一个 SWF 文件或 Shockwave 影片，在"窗口"菜单中打开属性选择器。如图 14-8 所示。

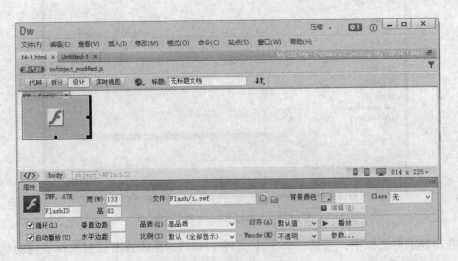

图 14-8　属性选择器

- FlashID：为 SWF 文件指定唯一 ID。
- 宽和高：以像素为单位指定影片的宽度和高度。
- 文件：指定 SWF 文件或 Shockwave 文件的路径。
- 背景：指定影片区域的背景颜色。在不播放影片时也显示此颜色。
- 编辑：启动 Flash 以更新 FLA 文件（使用 Flash 创作工具创建的文件）。如果计算机上没有安装 Flash，则会禁用此选项。
- 类：可用于对影片应用 CSS 类。
- 循环：使影片连续播放。如果没有选择循环，则影片将播放一次，然后停止。
- 自动播放：在加载页面时自动播放影片。
- 垂直边距和水平边距：指定影片上、下、左、右空白的像素数。
- 品质：在影片播放期间控制抗失真。高品质设置可改善影片的外观，但高品质设置的影片需要较快的处理器才能在屏幕上正确呈现，高品质设置首先照顾到外观，然后才考虑显示速度。低品质设置会首先照顾到显示速度，然后才考虑外观。自动低品质会首先照顾到显示速度，但会在可能的情况下改善外观。自动高品质开始时会同时照顾显示速度和外观，但以后可能会根据需要牺牲外观以确保速度。
- 比例：确定影片如何适合在宽度和高度文本框中设置的尺寸。"默认"设置为显示整个影片。
- 对齐：确定影片在页面上的对齐方式。
- Wmode：为 SWF 文件设置 Wmode 参数以避免与 DHTML 元素（例如 Spry Widget）相冲突。默认值是不透明，这样在浏览器中，DHTML 元素就可以显示在 SWF 文件的上面。如果 SWF 文件包括透明度，并且希望 DHTML 元素显示在它们的后面，选择"透明"选项。"窗口"选项可从代码中删除 Wmode 参数并允许 SWF 文件显示在其他 DHTML 元素的上面。
- 播放：在"文档"窗口中播放影片。
- 参数：打开一个对话框，可在其中输入传递给影片的附加参数。影片必须已设计好，可以接收这些附加参数。

案例分解：

（1）新建 HTML 网页，利用表格制作如图 14-9 所示文档，并输入相应文本。

图 14-9　制作网页文档

（2）将鼠标置于要插入 Flash 的第 1 行第 1 列位置，执行"插入"→"媒体"→"Flash SWF"命令，在弹出"选择 SWF"对话框中选择相应文件，单击"确定"按钮插入 SWF 动画，并在属性面板中设置 Flash 的相关属性，如图 14-10 所示。

图 14-10 设置 Flash SWF 属性

（3）保存文档，按〈F12〉键预览，效果如图 14-1 所示。

14.1.2 插入 Flash Video

Flash Video（简称 FLV），是一种新的流行网络视频格式，这个格式随着视频网站的丰富已经非常普及。

使用 Dreamweaver 中的插入 Flash 视频命令可将 Flash 视频内容插入 Web 页面，而无需使用 Flash 创作工具。该命令可以插入 Flash 组件，在浏览器中查看时，它显示选择的 Flash 视频内容以及一组播放控件。

例 1：在网页中插入一个 Flash Video 视频，如图 14-11 所示。

插入 Flash Video 文件有两种方法：打开 html 文档，将光标放置在要插入内容的位置，在"插入"面板的"常用"类别中，选择"媒体"，然后单击 Video 图标；或者选择"插入"菜单下的"媒体"命令，在弹出的子菜单中选择"Flash Video"命令。

图 14-11 插入 Flash Vedio 后效果图

系统弹出要先保存文件对话框，如图 14-12 所示。保存文件后，系统弹出"插入 FLV"对话框，如图 14-13 所示。

（1）视频类型：累进式下载视频将 Flash 视频（FLV）文件下载到站点访问者的硬盘上播放，但是与传统的下载并播放视频传送方法不同，累进式下载允许在下载完成之前就开始播放视频文件。

流视频将 Flash 视频内容进行流处理，并立即在 Web 页面中播放。若要在 Web 页面中启用流视频，必须具有对 Macromedia Flash Communication Server 的访问权限，这是唯一可对 Flash 视频内容进行流处理的服务器。

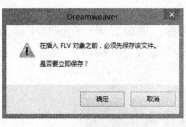

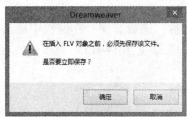

图 14-12 插入 FLV 前保存文件对话框　　　　　图 14-13 "插入 FLV 文件"对话框

（2）URL：此文本框中指定输入 FLV 文件的相对或绝对路径，或者通过单击"浏览"按钮选择 FLV 文件。

（3）外观：在下拉列表中有多项选择，所选外观的预览出现在下方，各个选项指定包含 Flash 视频内容的 Flash 视频组件的外观。

（4）宽度和高度：以像素为单位指定 Flash 视频的宽度和高度。但是增加视频的尺寸时视频的图片品质通常会下降。

限制高宽比，即保持 Flash 视频组件的宽度和高度之间的高宽比不变。默认情况下会选择此选项。

单击"确定"按钮关闭对话框并将 Flash 视频内容添加到 Web 页面，在"文档"窗口中显示 FLV Player 文件占位符。

可以在属性检查器中设置 FLV 文件属性。选中 FLV 文件，打开属性检查器。如图 14-14 所示。同样可以在属性检查器中设置其各个属性。

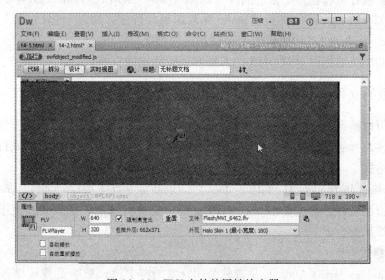

图 14-14　FLV 文件的属性检查器

在图 14-13 所示的"插入 FLV 文件"对话框中,单击 URL 右侧的浏览按钮,选择相应的 FLV 文件,选择器外观为"Halo Skin1(最小宽度:180)",宽度和高度为 480 和 320。

保存文件,按〈F12〉键预览,在浏览器中浏览视频如图 14-11 所示。

14.2 案例 2:在网页中插入音频

【案例目的】在网页中链接音频文件,通过单击歌曲名称,播放音频;在网页中插入相同音频文件,单击歌曲前面的播放按钮,同样可以播放音频,效果见图 14-15。

图 14-15 音频效果图

【核心知识】使用媒体音频,为网页制作添加声音效果。

现在,大多数音频和视频是通过插件(比如 Flash)来播放的,但是并非所有浏览器都有同样的插件。HTML5 规定了一种通过 audio 元素来包含音频,通过 video 元素来包含视频的标准方法。在 Dreamweaver CC 中可以方便地使用这两种 HTML5 元素。

IE 9 以上的浏览器提供对 HTML5 的音频和视频元素的支持。

14.2.1 音频的文件格式和链接

在网页中可以插入不同类型的音频文件,在确定采用哪种格式时,需要考虑添加声音的目的、文件大小、声音品质以及不同浏览器的差异等。网页制作时常用的音频文件格式如下。

1. MIDI 格式

MIDI(Musical Instrument Digital Interface)即乐器指令数字接口,文件扩展名为 .mid。该格式文件的声音品质好,数据量小。但 MIDI 文件不能进行录制,并且必须使用特殊的硬件和软件才能在计算机上合成。

2. WMA 格式

WMA(Windows Media Audio)是微软公司开发的网上流式数字音频压缩技术。这种压缩技术的特点是同时兼顾了保真度和网络传输需求,即使在较低的采样频率下也能产生较好的音质。这种音频格式现在正获得越来越多的支持。

3. RA 格式

RA 格式是 RealNetworks 公司所开发的一种新型流式音频 Real Audio 文件格式。该格式具有高压缩比，数据量小的特点。采用"流式处理"技术，在下载的同时可进行播放。

4. MP3 格式

MP3（Motion Picture Experts Group Audio Layer-3，运动图像专家组）格式是一种压缩格式，文件数据量较小，且声音品质较好。但是，其文件要大于 Real Audio 文件，因此用户下载整首歌曲可能要花较长的时间。

5. WAV 格式

WAV 是微软公司（Microsoft）开发的一种声音文件格式，用于保存 Windows 平台的音频信息资源，被 Windows 平台及其应用程序所广泛支持，但它是未压缩的声音格式，文件体积与声音采样率有关，一般文件都很大。

6. OGG 格式

全称是 OGGVobis（oggVorbis），是一种新的音频压缩格式，类似于 MP3 等的音乐格式。OGG 是完全免费、开放和没有专利限制的。OggVorbis 文件的扩展名是 .ogg。OGG 文件格式可以不断地进行大小和音质的改良，且不影响旧有的编码器或播放器。

Ogg 与 MP3 在相同位速率（Bit Rate）编码的情况下，Ogg 体积更小，并且 Ogg 是免费的。

提示：遇到不熟悉的视频、音频文件格式，需要查阅相关的资料。有时可以联系创建者，获取有关的信息。

若要将音频链接到网页中，选中要链接的文本或图像，单击属性面板中"链接"文本框旁的浏览文件夹图标，打开选择文件对话框，选择需链接的音频文件即可。

案例分解 1：链接音频文件

（1）创建 HTML5 文件，插入图片和导航栏，并输入相应的歌曲名称，选中要链接的文本，在属性面板中，单击"链接"文本框旁的浏览文件夹图标，打开选择文件对话框，在其中选择要链接的音频文件。

（2）单击"确定"按钮，文件名出现在链接文本框中，如图 14-16 所示，也可在属性面板的"链接"文本框中直接键入文件的路径和名称。

图 14-16 选中文本链接音频

14.2.2 插入 HTML5 Audio

HTML5 Audio 元素能够播放声音文件或者音频流。表 14-1 列出了当前 audio 元素支持的三种音频格式及其所适用的浏览器。

表 14-1 audio 元素所支持的音频格式

	IE 9	Firefox 3.5	Opera 10.5	Chrome 3.0	Safari 3.0
Ogg Vorbis		√	√	√	
MP3	√			√	√
Wav		√	√		√

在 Dreamweaver CC 的 HTML5 文档中，将光标放置在要插入音频的位置，在"插入"面板的"常用"类别中，选择"媒体"，然后单击"HTML5 Audio"图标；或者打开"插入"菜单下的"媒体"命令，在弹出的子菜单中选择"HTML5 Audio"。

在音频的属性面板中可以规定其 ID 等属性，如图 14-17 所示。

图 14-17 音频的属性面板

表 14-2 列出了在 HTML5 中音频标签的属性。

表 14-2 html5 中 < audio > 标签的属性

属 性	值	描 述
controls	controls	如果出现该属性，则向用户显示控件，比如播放按钮。
autoplay	autoplay	如果出现该属性，则音频在就绪后马上播放。
loop	loop	如果出现该属性，则每当音频结束时重新开始播放。
preload	preload	如果出现该属性，则音频在页面加载时进行加载，并预备播放。如果使用"autoplay"，则忽略该属性。
源	url	要播放的音频的 URL。

如需在 HTML5 中播放音频，可以在属性面板中为 audio 元素添加音频"源"和"controls"属性。如果所插入音频源不被浏览器支持，则会在浏览器中显示错误提示，如图 14-18 所示。

图 14-18 错误的音频类型

上面的例子使用了一个 OGG 文件，此文件适用于 Firefox、Opera 以及 Chrome 浏览器。要确保适用于 IE9 浏览器，音频文件必须是 MP3 类型。

audio 元素允许多个 source 元素，source 元素可以链接不同的音频文件，浏览器使用第一个可识别的格式。

在音频属性面板中添加一个 MP3 音频文件，如图 14-19 所示。

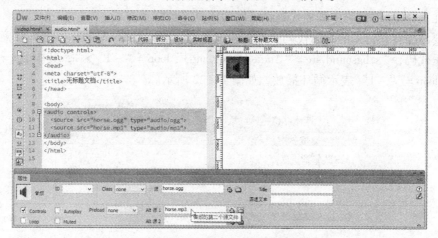

图 14-19　添加 MP3 音频源

按〈F12〉键预览，如图 14-20 所示。

图 14-20　预览试听音频

案例分解 2：插入音频

（1）打开网页文件，执行"插入"菜单下的"媒体"命令，在弹出的子菜单中选择"HTML5 Audio"，为歌曲添加相应的音频，在音频的属性面板中，通过单击浏览文件夹图标　为其添加音频"源"，如图 14-21 所示。

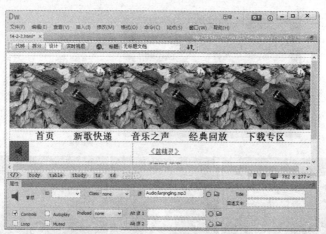

图 14-21　插入音频并添加音频源

（2）按〈F12〉键进行预览，即为图 14-15 所示效果图。

14.2.3 添加背景音乐

通过在 HTML5 的代码中添加代码，可以为网页添加背景音乐。

打开要添加背景音乐的页面代码视图，在 < body > 与 </body > 的标签之间任意位置，添加背景音乐代码，"< bgsound src = "Audio/music. mp3" loop = " - 1">"，其中 src = "背景音乐名称"，loop = " - 1" 表示循环播放，如图 14-22 所示。

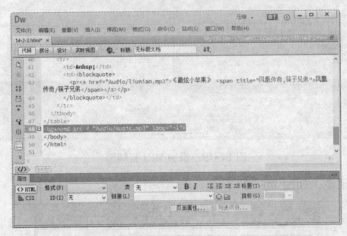

图 14-22　加背景音乐

保存并预览即可听到加入的背景音乐。

14.3　案例 3：在网页中插入视频

【案例目的】在网页中链接视频文件，并插入视频文件，效果如图 14-23 所示。

图 14-23　视频效果图

【核心知识】使用媒体视频，为网页制作添加动画效果。

14.3.1 可链接的视频文件格式

许多时髦的网站都提供视频，网页制作时常用的可链接视频文件格式如下：

1. ASF 格式

ASF（Advanced Streaming Format）格式是微软推出的一种视频格式。用户可以直接使用 Windows 自带的 Windows Media Player 播放该格式的文件。其最大优点是体积小，较适合网络传输。

2. WMV 格式

WMV（Windows Media Video）格式是微软推出的一种采用独立编码方式并且可以直接在网上实时观看视频节目的文件压缩格式，也具有体积小的特点，在网上比较流行。

3. RM 格式

RM 格式是 Real 公司开发的一种流媒体文件格式，它可以根据不同的网络数据传输速率而制定出相应的压缩比率，从而实现在低速率的网络上进行影像数据的实时传送和实时播放。

4. RMVB

RMVB 是一种视频文件格式，采用的是较低的编码速率，主要适合静止和动作场面少的画面场景。在保证静止画面质量的前提下，既提高了运动图像的画面质量，又在图像质量和文件大小之间达到了微妙的平衡。

若要将视频链接到网页中，先选中要链接的文本或图像，单击属性面板中"链接"文本框旁的浏览文件夹图标 ，打开选择文件对话框，选择需插入的视频文件即可。

案例分解 1：链接视频文件

（1）制作新的 HTML5 文件，输入相应的文字，选中要链接的文本，在属性面板中，单击"链接"文本框旁的浏览文件夹图标，选择文件进行链接，如图 14-24 所示。也可在属性面板的"链接"文本框中直接键入文件的路径和名称。

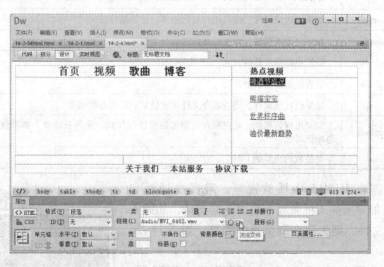

图 14-24 在属性面板链接视频文件

14.3.2 插入 HTML5 Video

HTML5 提供了展示视频的标准，首先要检测所用浏览器是否支持 HTML5 视频。

在 DW CC 的 html5 文档中，插入 HTML5 视频有三种方法。

如图 14-2 所示，在插入下拉菜单中选择"媒体"命令，在弹出的子菜单中选择"HTML5 Video"；或者直接按〈Ctrl + Alt + Shift + V〉组合键；或者从插入面板中选择"媒体"然后单击"HTML5 Video"。

表 14-3 列出了当前 video 元素支持的三种视频格式及其适用的浏览器。

表 14-3　video 元素所支持的视频格式

格　　式	IE	Firefox	Opera	Chrome	Safari
Ogg	No	3.5 +	10.5 +	5.0 +	No
MPEG 4	9.0 +	No	No	5.0 +	3.0 +
WebM	No	4.0 +	10.6 +	6.0 +	No

在视频的属性面板中可以规定其 ID，可以设置视频播放时的宽度和高度等属性，如图 14-25 所示。

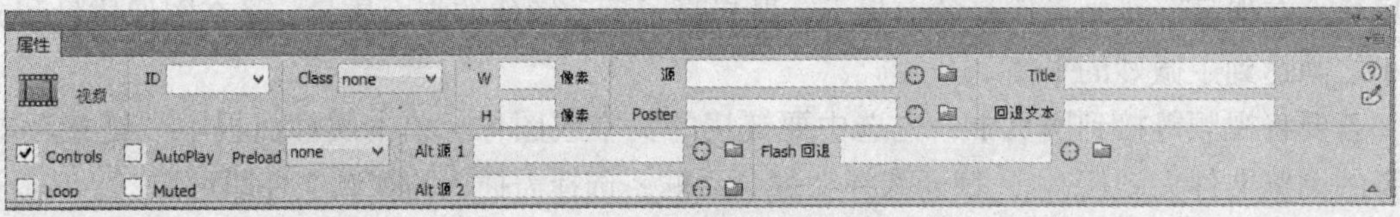

图 14-25　视频的属性面板

表 14-4 列出了在 HTML5 中视频标签的属性。

表 14-4　HTML5 中 < video > 标签的属性

属　　性	值	描　　述
controls	controls	如果出现该属性，则向用户显示控件，比如播放按钮
autoplay	autoplay	如果出现该属性，则视频在就绪后马上播放
width	pixels	设置视频播放器的宽度
height	pixels	设置视频播放器的高度
loop	loop	如果出现该属性，则当媒介文件完成播放后再次开始播放
preload	preload	如果出现该属性，则视频在页面加载时进行加载，并预备播放。如果使用"autoplay"，则忽略该属性
源	url	要播放的视频的 URL

同样，如需在 HTML5 中播放视频，需要视频源和 controls 属性。如果所插入视频源不被浏览器支持，如插入一个 Ogg 视频文件，则无法在浏览器中浏览，如图 14-26 所示。

Ogg 文件适用于 Firefox、Opera 和 Chrome 浏览器，不适用于 IE9。要确保适用于 IE9 浏览器，音频文件必须是 MPEG4 类型。

图 14-26　无效视频源

video 元素允许多个 source 元素，source 元素可以链接不同的视频文件，浏览器使用第一个可识别的格式。

单击"浏览"按钮在视频的属性面板中加入 MPEG4 视频文件，如图 14-27 所示。

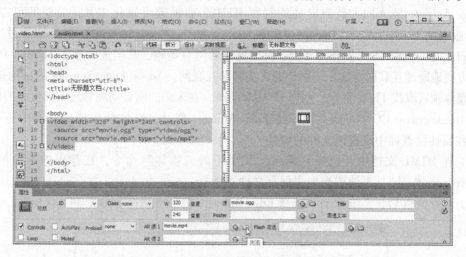

图 14-27　添加 MPEG4 格式视频源

案例分解 2：插入视频

（1）打开网页文件，将光标放置在要插入 HTML5 Video 位置，打开"插入"菜单下的"媒体"命令，在弹出的子菜单中选择"HTML5 Video"，添加相应的视频控件，在属性面板中通过单击浏览文件夹图标为其添加视频"源"，在属性面板中设置其大小，如图 14-28 所示。

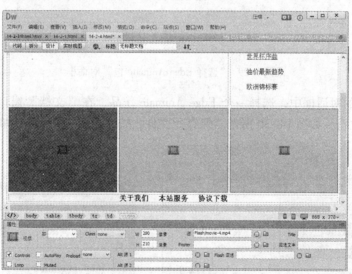

图 14-28　插入视频并添加视频源

（2）依次插入需要的视频，并设置其大小，按〈F12〉键预览，如图 14-23 所示效果。

14.4 插入 Edge Animate 作品

Edge Animate 是 Adobe 最新出品的制作 HTML5 动画的可视化工具，简单的可以理解为 HTML5 版本的 Flash Pro。HTML5 网页动画制作（Adobe Edge Animate）主要是通过 HTML5、JavaScript、jQuery 和 CSS3 制作跨平台、跨浏览器的网页动画，其生成的基于 HTML5 的互动媒体能更方便地通过互联网传输，特别是更兼容移动互联网。Adobe Edge Animate 的目的是在浏览器互动媒体领域取代 Flash 平台，创作 HTML5 动画，在未来的网页动画领域发挥更大的作用。

在 Dreamweaver CC 中可向页面添加 Edge Animate 作品，在文档中或浏览器中进行预览。还可以在属性检查器中设置该文件的属性。

（1）在 HTML 文档中，选择"插入"菜单下的"媒体"命令，在弹出的子菜单中选择 "Edge Animate 作品"，系统弹出要先保存文件对话框。

（2）保存文件后，系统弹出"选择 Edge Animate 包"对话框，如图 14-29 所示。

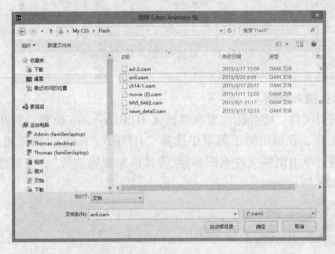

图 14-29 "选择 Edge Animate 包"对话框

（3）在出现的对话框中，选择一个 Edge Animate 作品，在"文档"窗口中显示一个 Edge Animate 作品占位符，如图 14-30 所示。保存此文件，按〈F12〉键预览，如图 14-31 所示。

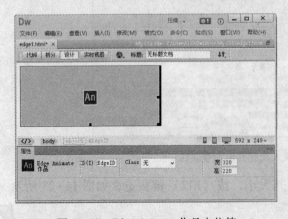

图 14-30 Edge Animate 作品占位符

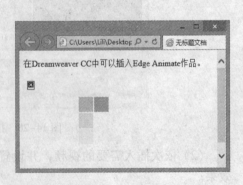

图 14-31 插入 Edge Animate 的网页

默认情况下，OAM 文件的内容被提取到"edgeanimate_assets"文件夹中，并且会创建和文件同名的子文件夹。OAM 文件的内容被放在此位置下的"资源"（Assets）文件夹中。

14.5　插入插件

在 Dreamweaver CC 中制作网页时可以利用"插入"→"媒体"→"插件"命令，插入音频、视频等。通过视频插件插入的文件最好是 SWF 和 WMV 文件（不失真）。

在 HTML 文档中，选择"插入"菜单下的"媒体"命令，在弹出的子菜单中选择"插件"，系统弹出"选择插件文件"对话框，如图 14-32 所示。

图 14-32　插入插件对话框

选择音频或者视频文件，单击"确定"按钮，在"文档"窗口中显示一个插件的标识，如图 14-33 所示。

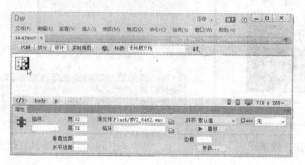

图 14-33　插件标识及其属性面板

无论用户插入的文件尺寸有多大，在浏览器中显示的插件，都是以 Dreamweaver CC 默认的大小显示。选中插件，出现用来改变大小的控制点，用鼠标对这些控制点进行拖动，可以放大插件图标的区域，再次对页面进行预览，显示区域可以放大为所需要的显示尺寸。

选中插件，同样可以在属性面板中修改其属性。

例 2：插入插件音频，浏览效果如图 14-34 所示。

图 14-34　浏览效果图

步骤如下：

（1）将鼠标置于要插入音频的文件中。在菜单栏中执行"插入"菜单下的"媒体"命令，在弹出的子菜单中选择"插件"命令，在弹出的对话框中选择音频文件。

（2）单击"确定"按钮，就可以将音频插入到页面中，添加到页面中的文件显示一个插件的标识，如图14-35所示。

图14-35　显示插件图标

（3）在属性面板中设置相应的参数，然后在浏览器中浏览，如图14-34所示。

例3：插入插件视频，浏览效果如图14-36所示。步骤如下：

（1）将鼠标置于要插入视频的文件中。在菜单栏中执行"插入"菜单下的"媒体"命令，在弹出的子菜单中选择"插件"命令，在弹出的对话框中选择视频文件。

（2）单击"确定"按钮，将视频插入到页面中，并显示一个插件的标识，调整插件尺寸，如图14-37所示。

（3）在浏览器中浏览页面，如图14-36所示。

图14-36　浏览效果图

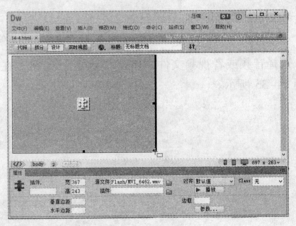

图14-37　调整插件尺寸大小

14.6　上机实训

项目：制作班级主页

（一）内容要求

制作班级主页，插入Flash对象并播放背景音乐。

（二）技术要求

（1）使用表格布局页面，选择"插入"菜单下的"媒体"命令，在弹出的子菜单中选择"Flash SWF"，插入Flash文件，如图14-38所示。

（2）在HTML5代码中添加背景音乐。打开页面的HTML文档，在<body>与</body>的标签之间任意位置，添加背景音乐代码，"<bgsound src="media/music. mid" loop="-1">"，其中 src = "背景音乐名称", loop = " – 1"表示循环播放。

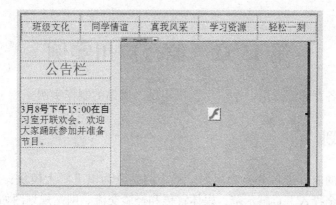
图 14-38   插入 Flash SWF

（3）按〈F12〉键预览文件，效果如图 14-39 所示。

图 14-39   主页效果

14.7   习题

上机操作题

1. 制作个人主页，在其中插入背景图像和背景音乐。
2. 在网页中插入一个 Flash SWF，增加动画效果。
3. 在网页中链接一段视频，插入一段 Flash Video，一段 HTML5 Video，比较其有何不同。
4. 在网页中利用插件插入一段视频，比较不同的视频文件显示有何不同。

第15章 综合应用实例

本章结合前面各章知识介绍一个"示范校建设"网站的制作实例。

15.1 网站规划

首先要对网站的内容进行分类和规划。整个网站分为以下六大模块：建设动态，重点专业，特色项目，资金投入，贡献示范，媒体宣传和经验交流。网站规划图如图15-1所示。

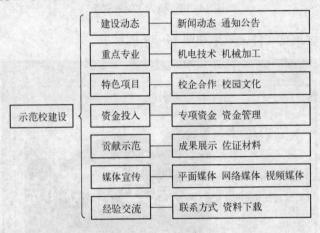

图15-1 网站模块规划

规划完网站后，根据内容收集相应的资料，包括文本、图片和flash等信息。

15.2 定义站点

启动Dreamweaver CC，先对站点进行定义。

（1）打开菜单栏的"站点"菜单，选择"管理站点"命令，弹出"管理站点"对话框。如图15-2所示。

图15-2 "管理站点"对话框

选择菜单栏的"新建站点",在弹出的"站点设置对象"对话框中设置站点名称"ch15",本地站点文件夹"d:\mycc\ch15\"。

（2）在"站点设置对象"对话框中的左栏选择"服务器"。如图 15-3 所示。

（3）单击按钮 ，弹出服务器对话框，在其中定义站点根文件夹的 URL 并填写其他信息，如图 15-4 所示。

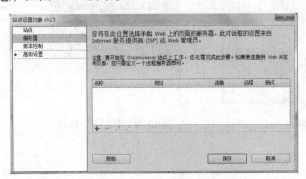

图 15-3　选择"服务器"　　　　　　　　　　图 15-4　定义站点根文件夹的 URL

（4）单击"测试"按钮，Dreamweaver CC 启动连接测试，测试成功后弹出成功连接信息框。如图 15-5 所示。单击"确定"按钮，回到"服务器"对话框。

（5）单击"服务器"对话框中的"高级"选项卡，勾选"维护同步信息"和"保存时自动将文件上传到服务器"选项。在"服务器模型"后面的倒三角下拉列表中选择服务器上设定的模型，比如选择"Asp JavaScript"。如图 15-6 所示。

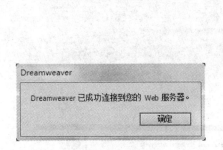

图 15-5　连接测试成功　　　　　　　　　　图 15-6　远程服务器设置信息

（6）单击"保存"按钮，完成服务器设置，如图 15-7 所示。

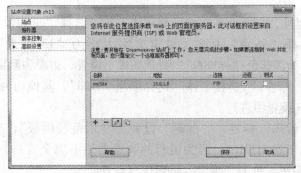

图 15-7　完成服务器设置

255

（7）单击"站点设置对象"对话框中的"保存"按钮，完成站点设置，回到"管理站点"对话框。如图 15-8 所示。单击"完成"按钮，保存站点设置。Dreamweaver CC 自动弹出文件面板，如图 15-9 所示。

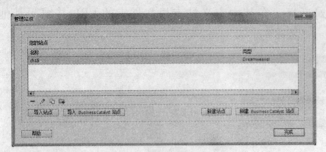
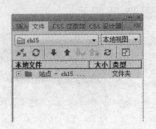

图 15-8 "管理站点"对话框   图 15-9 "文件"面板

15.3 网站模板制作

15.3.1 页面规划

页面的规划就是对网页的版面进行布局，主要任务是将 Web 页面分割成用于安排文字、图像等各种屏幕元素的各个区域。采用传统的"上中下"型布局，上部放置网站 logo 和导航；中间是页面的主要部分，放置具体内容；下部是版权、网站所有者的地址、联系电话等信息。如图 15-10 所示。

图 15-10 网站模板

（1）设置页面的属性，在页面的空白区域单击右键，选择"页面设置"命令，弹出"页面属性"对话框。选择"外观"标签，设定文字大小为"13 像素"，文本颜色为黑色"#000000"，背景颜色为浅蓝色"#f0f8f9"，背景图像不设置，边距为默认，如图 15-11 所示。

（2）选择"链接"标签，"链接字体"选择加粗"bold"，其他均为默认，对于链接字体颜色设置等，留在 CSS 设置中进行。

（3）选择"标题/编码"标签，"标题"设置为"示范校模板"，文档类型为"XHTML 1.0 Transitional"（暂不选 HTML5，因为流行的浏览器还不完全支持），其他均为默认，如图 15-12 所示。设置完毕，单击"确定"按钮保存设置。

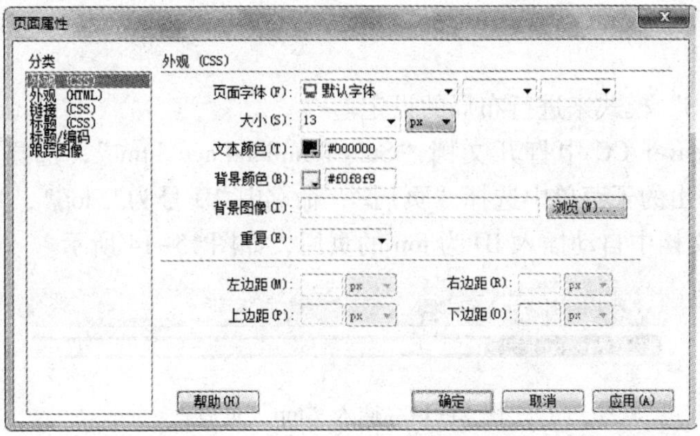

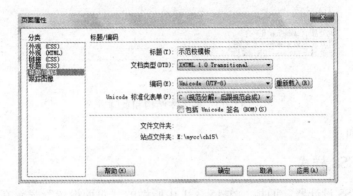

图 15-11 "页面属性 – 外观"设置

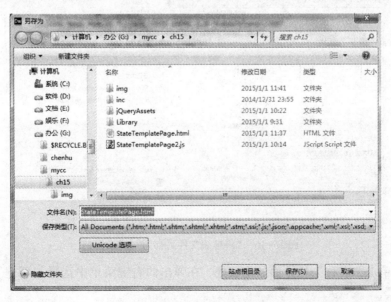

图 15-12 "页面属性 – 标题/编码"设置

（4）选择"文件"菜单中的"保存"命令，弹出"另存为"对话框，将页面命名为"StateTemplate Page. html"，如图 15-13 所示。这时，Dreamweaver CC 会自动将页面保存在已经设定好的"ch15"文件夹中。

图 15-13 保存页面设置

15.3.2 布局设计

采用"Div + CSS"模式来进行布局的设定。

（1）在 Dreamweaver CC 中打开文档"StateTemplatePage. html"，选择"插入"菜单下的"结构"命令，在弹出的子菜单中选择"页眉"，命名其 ID 号为" top"，单击"确定"按钮，Dreamweaver CC 在文档中自动插入 ID 为 top 的页眉，如图 15-14 所示。

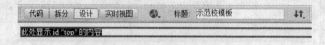

图 15-14　插入"top"页眉

（2）依次插入 ID 号为 container 的主结构和 ID 号为 footer 的页脚，如图 15-15 所示。

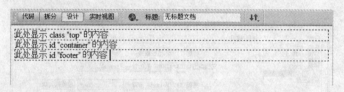

图 15-15　插入主结构和页脚后

（3）保存页面。

15.3.3 使用 CSS 样式

（1）打开"CSS 设计器"面板，在 15.3.1 中所做的"页面设置"显示在"源"窗格上即 < style >。单击添加" + "按钮，选择"创建新的 CSS 文件"；在弹出的"创建新的 CSS 文件"对话框中，"添加为"选择"链接"；单击文本框后面的"浏览"按钮，弹出"将样表文件另存为"对话框。如图 15-16 所示。

图 15-16　"将样表文件另存为"对话框

（2）右键单击"名称"栏下面的空白处，在弹出的右键菜单中选择"新建"命令子菜单下的"文件夹"。

（3）把新建文件夹命名为"inc"，选择文件夹"inc"。如图 15-17 所示。单击"打开"

按钮，输入新的 CSS 文件名"page.css"，如图 15–18 所示。

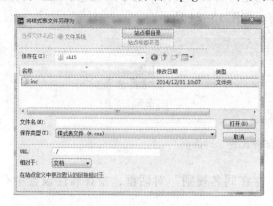

图 15–17　选择文件夹　　　　　　　　　　图 15–18　新的 CSS 文件名

（4）单击"保存"按钮，回到"创建新的 CSS 文件"对话框，此时文本框中出现新的
CSS 文件的路径"inc/page.css"，如图 15–19 所示。

（5）单击"确定"按钮，完成创建 CSS 文件夹
和文件的工作。在"CSS 设计器"面板中的"源"
窗格内选择源"page.css"，在"选择器"窗格上单
击添加" + "按钮，并输入通配符" * "。设置其
CSS 属性"margin"、"padding"和设边框"border"
的"设置速记"均为"0"。目的是使得网页在各种
浏览器中的表现形式一致，消除不同浏览器的默认
设置的不同。

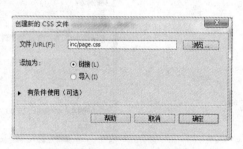

图 15–19　新 CSS 文件的路径

（6）添加"选择器""body"，用于设定整个页面内容的格式。设置其布局的宽度"width"
的值为"1000 px"；在"margin"右侧的速记值设为"0 auto"，使页面居中显示，两侧各留有
0.5% 的空白边。

（7）切换到"代码"面板，选中样式表内容，打开"格式"菜单，选择"CSS 样式"命
令，在弹出的子菜单中选择"移动 CSS 规则"，如图 15–20 所示。

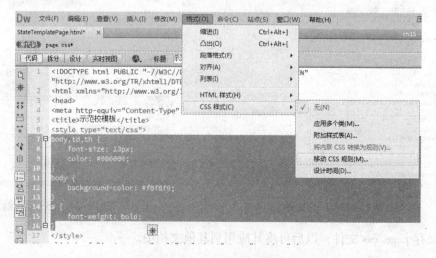

图 15–20　移动 CSS 规则

259

弹出"移至外部样式表"对话框，检查文件名是否为目标文件，也可以通过单击"浏览"按钮选择所需的目标文件，单击"确定"按钮。如图 15-21 所示。

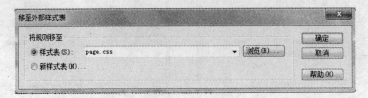

图 15-21 "移至外部样式表"对话框

如果合并的规则有同名的选择器，会弹出"存在同名规则"对话框，检查属性设置中有无冲突。如图 15-22 所示。

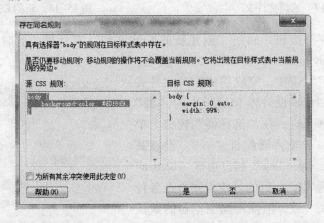

图 15-22 "存在同名规则"对话框

当确定没有冲突时，单击"是"按钮，则原来在页面中创建的 < style > CSS 内容会添加在 page. css 中，如图 15-23 所示。同时显示在 CSS 设计器中，如图 15-24 所示。

图 15-23 CSS 文件

图 15-24 CSS 设计器

（8）保存 page. css 文件，以后可将其应用到其他文档中。

15.3.4 制作页眉

1. 插入 Logo

将光标置于页眉之间，打开"插入"菜单，选择"结构"命令，在弹出的子菜单中选择"图"命令，在图结构中插入"图像"，选择图像源文件，把图片另存到站点根目录下专门存放图片的文件夹中。

在"CSS 设计器"面板中添加"#top figure img"选择器。设置其属性"width"值为"100%"，"height"值为"160px"。

2. 插入导航栏

将光标置于 Logo 下面，打开"插入"菜单，选择"结构"命令，在弹出的子菜单中选择"Navigation"命令，命名其类为"navig"。

3. 插入导航栏列表项

在项目列表 ul 中执行"插入"菜单下的"结构"命令，在其子菜单中选择"列表项"，输入第一个列表项文字"网站首页"。

在"CSS 设计器"中添加选择器"ul. nav li"，定义其属性：width 为 125px；左浮动；文字大小为 15px 居中；list – style – type 为 none；背景颜色为"#8BD401"；左边框为 1px solid #E4FFD4，右边框为 1px solid #486B03。

插入"建设动态"等其他导航项，如图 15-25 所示。

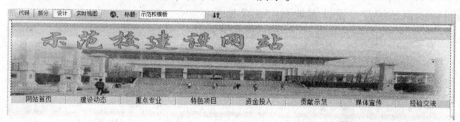

图 15-25　插入导航栏

15.3.5 制作页脚

在"CSS 设计器"面板中添加页脚选择器#footer，设置其属性为：高 97px；display 为 block；上边框 border – top 为 0.5em solid #0050A2。上边框定义一条水平线，当作页面主要内容与页脚的分界。

在页脚内插入 ID 号为"bl"、"bm"和"br"的三个层，定义其宽度分别是"14%、72%、14%"，字体对齐方式分别为右对齐、居中、左对齐，浮动都是"left"。

在层"bl"中插入图像"bl. jpg"，层"br"中插入图像"br. jpg"并为图像创建链接，层"bm"中插入版权信息，并为图像创建链接，如图 15-26 所示。

图 15-26　制作页脚

15.3.6　制作模板页主要可编辑区域

将光标置于主结构 container 之间，在 CSS 设计器中添加选择器#container，定义其 CSS 属性：高度 160 px；display 为 block；背景色为白色#FFFFFF。

选择菜单"插入"下的"模板"命令，在其子菜单中选择"创建模板"命令，为其输入名字 StateTemplatePage，并保存。

在主结构中，打开"插入"菜单，选择"模板"命令，在其子菜单中选择"可编辑区域"命令，在弹出的"新建可编辑区域"对话框中输入相应的可编程区域名称。以此方法制作完成模板页（StateTemplatePage. dwt），并显示在资源面板中。

15.4　首页制作

15.4.1　首页规划

首页规划就是对网页的版面进行布局，主要任务是把关键词合理地分布开，把页面分割成不同关键词的文字区域、图像区域。首页是一个网站的最重要的组成之一，内容和表现形式要统一。

一般首页设计图是由美工师用 PS 等作图工具设计好，然后网页设计师根据首页设计图进行编码设计。本网站的首页设计图如图 15-27 所示。

图 15-27　首页设计图

首页采用混合型布局，主体分成上下两部分。

上部为左右两栏，左栏又划分为上下两行。其首行是网站重要栏目"建设动态"，左为幻灯片栏，右为文字条新闻栏；次行平分为左右两部分，左边部分是栏目"示范验收"，右边部分是栏目"理论探索"。右栏分上下两栏，上栏是"通知公告"，下栏是"网页视频"。

下部放置宣传 flash 动画，flash 动画水平方向分为四个部分，左边三部分是画面，最右边的一部分是"其他专题链接"。结构草图如图 15-28 所示。

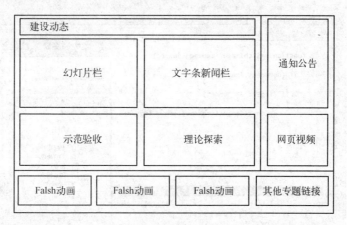

图 15-28　结构草图

15.4.2　使用模板创建首页

在 DW CC 中，选择"文件"菜单，在"新建"命令的子菜单中选择"网站模板"命令，然后选择"StateTemplatePage. dwt"，创建如图 15-29 所示页面。

图 15-29　使用模板新建的页面

修改页面标题为"示范校首页"，另存为"index. html"。"文件"面板中会出现新保存的文件 index. html。

15.4.3　制作首页主要部分

1. 构建主页

打开刚创建的如图 15-29 所示文档"index. html"，在可编辑区"EditRegion3"内部插入首页规划时规定的层，并在需要的地方插入标题。

2. 插入幻灯片

在幻灯片栏，打开菜单"文件"，选择"新建"命令，新建一个 javascript 文档，另存为"SlideShow. js"。打开菜单"窗口"，选择"代码片断"命令，在"名称"选项中选择"JavaScript"→"图像"→"切换图像"，单击"插入"按钮，Dreamweaver CC 在文档"SlideShow. js"中插入如图 15-30 所示代码。

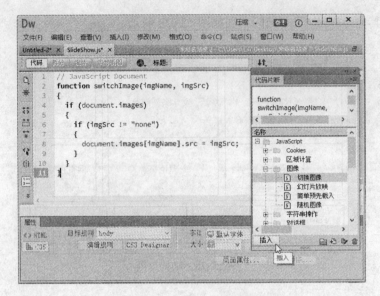

图 15-30　选择"切换图像"

用同样方法，插入"幻灯片放映"。

将文档"index. html"切换到代码视图，在"< head > </head >"之间插入链接
"< script type = "text/javascript" src = "jQueryAssets/SlideShow. js" > </script >"，完成幻灯片
的插入。

3. 插入文字条新闻

在"建设动态"的右侧文字新闻栏层内加上几条新闻，并设置合适的 CSS 样式。依次构
建"示范验收"、"理论探索"、"通知公告"三个栏目。

4. 插入视频

把鼠标置于文档"index. html"的相应位置，打开"插入"菜单，选择"媒体"命令，在
弹出的子菜单中选择"Flash Video"命令。在弹出的"插入 FLV"对话框中填上宽度"253"，
高度"208"，视频文件路径 URL "img/ad. flv"。单击"确定"按钮，完成插入视频。

5. 插入动画

把鼠标置于文档"index. html"的相应位置，打开"插入"菜单，选择"媒体"命令，在
其子菜单中选择"Flash SWF"命令，选择要插入的 Flash 动画，完成首页制作。

15.5　二级页面制作

15.5.1　制作二级页面模板

同 15.4.2 节创建二级页面，修改页面标题为"通知公告"，另存为"SecondTemplate. html"。

二级页面布局分为两栏，左栏为边栏"aside"，是二级页面的导航栏，制作方法同"插入
文字条新闻"一样；右栏为主要内容"cont"，从上到下分为面包屑导航栏"slider"和文章结
构"article"。如图 15-31 所示。

1. 制作面包屑导航栏"slider"

将光标置于页面右侧上方，打开"窗口"菜单，选择"代码片断"面板，选择"导航"

→"面包屑"，单击"插入"命令，Dreamweaver CC 在文档"SecondTemplate. html"中插入面包屑导航。如图 15-32 所示。

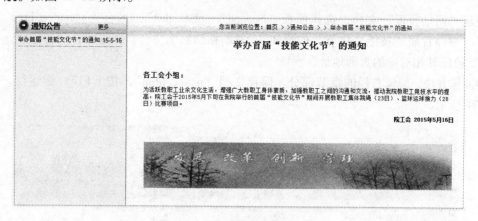

图 15-31　二级页面模板示意图

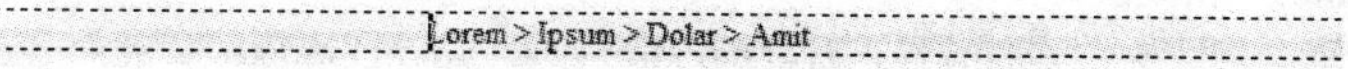

图 15-32　插入面包屑导航

将其修改为"您当前浏览位置：首页 >> 通知公告 >> 举办首届"技能文化节"的通知"。
设置其 CSS 样式为宽度 width 为 100%，height 为 35px；并添加背景图片，background – repeat 为 no – repeat，background – position：为 0px – 500px。

2. 制作文章结构"article"

插入"结构"→"文章 Article"，在"文章"中插入 ID 号为 art 的层，在 art 层内插入标题、章节、图像。并为其加入 CSS 样式代码。

3. 制作页面模板

执行"文件"菜单下的"另存为模板"命令，弹出"另存模板"对话框。如图 15-33 所示。

图 15-33　"另存模板"对话框

单击"保存"按钮，在文件夹"Templates"内创建成功新模板文件"SecondTemplate. dwt"。
在文档"SecondTemplate. dwt"中选取边栏标题中的链接"更多"，执行"插入"菜单下的"模板"命令，在其子菜单中选择"可编辑区"命令，在文档中插入可编辑区。用同样方法为其他部分建立可编辑区。
保存文档"SecondTemplate. dwt"，完成二级页面模板的制作。

15.5.2 编辑二级页面主要部分

新建"网站模板"文档，选择模板"SecondTemplate. dwt"，另存为"notice. html"。在文档中将"举办首届"技能文化节"的通知"，复制粘贴到下一行，并修改日期和标题，把空链接"#"换成其相对应的页面地址。

用同样方法，编辑右栏的章节部分。保存文档"notice. html"，按〈F12〉键运行，效果如图 15-34 所示。

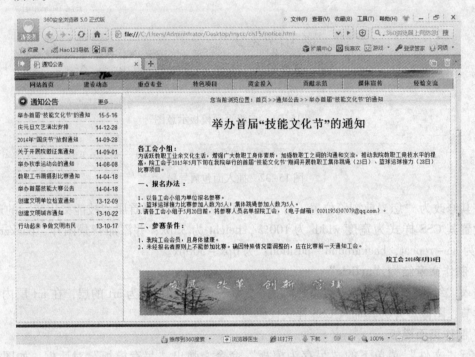

图 15-34 "notice. html" 实际效果图

用同样方法，创建其他二级页面。

参 考 文 献

[1] 申莉莉，等 . Dreamweaver CS3 网页设计与制作教程 [M] . 2 版 . 北京：机械工业出版社，2009.
[2] Adobe 公司 . Adobe Dreamweaver CC 经典教程 [M] . 陈宗斌，译 . 北京：人民邮电出版社，2014.
[3] 李东博 . Dreamweaver + Flash + Photoshop 网页设计从入门到精通 [M] . 北京：清华大学出版社，2013.